CHEERS

与最聪明的人共同进化

HERE COMES EVERYBODY

新素养系列
New Literacy Series

人人都该懂的科学哲学
Philosophy of Science A Beginner's Guide

[美]
杰弗里·戈勒姆 著
Geoffrey Gorham

石雨晴 译

浙江人民出版社
ZHEJIANG PEOPLE'S PUBLISHING HOUSE

1、三段论法的使用对科学推理来说至关重要，它可将普遍适用的前提和较为局限的前提结合起来，推论出一些事实。请问，三段论法是哪位哲学家提出来的？

A 泰勒斯
B 柏拉图
C 毕达哥拉斯
D 亚里士多德

2、以下哪一条说法最能说明智慧设计论不是科学？

A 美国联邦法院裁定，在公立学校教授智慧设计论课程违反了美国宪法
B 就算进化论无法解释眼睛是如何出现的，也不代表眼睛就是被设计而成的
C 智慧设计论无法提出任何可供检验的预测
D 生物体上有很多笨拙的“设计”，一点儿也不“智慧”

3、以下哪一条有关演绎主义或归纳主义的说法是正确的？

A 演绎推理是数学、纯粹逻辑学等领域的常用方法
B 牛顿认为纯粹理性在科学中发挥着比经验更重要的作用
C 演绎推理不能保证基于已知前提得出的结论一定为真
D 归纳推理能够保证基于已知前提得出的结论一定为真

4、以下哪一条最不能反映科学会受到社会的影响？

A 科学的本质是一种人类活动，而人类天生是一种社会动物
B 如今的大学实验室中，通常都是数十位甚至数百位科学家一起共事
C 哥白尼、牛顿和笛卡尔的工作是在比较封闭的环境中完成的
D 现如今，研究成果若要发表，需先经过同行评审程序的评估

5、人类面临着许多威胁，请问以下哪一项威胁不是人类技术的产物？

A 核战争
B 全球变暖
C 小行星撞地球
D 实验室中的致命病毒泄露

扫码下载“湛庐阅读”App，
搜索“科学哲学”，获取问题答案。

前言

科学哲学是什么？

在人类文化发展过程中，科学是一个相对“年轻”的产物，理解自己身边的自然环境似乎是源自内心深处的冲动，是人类所独有的本性。亚里士多德可能算是人类史上第一位伟大的科学家（和科学哲学家），他曾说过：“求知是人类的本性。”就是在这种好奇心的驱使下，人类开始对科学进行哲学反思。人类有理解自然的渴望和能力，而自然也能为人类所理解，这一点似乎总能让科学家为之惊叹。阿尔伯特·爱因斯坦曾说过一句自相矛盾的话：“这个世界的永恒之谜就是，它竟可以被理解。”这个谜正是科学哲学的基本问题之一，也是一个需要我们一直努力解决的难题。也许正如亚里士多德之前的一些哲学家的推测，大自然有其固有的一套语言或理念（logos），正好可以为人类所理解，虽然我们无法解释个中缘由；又或许，科学理论只是将人类的分类方式投射到另一个莫测高深的客观世界。这个世界是由科学发现或建构的吗？时至今日，这个古老的问题仍是科学哲学界热议的话题之一。

再来说说哲学（philosophy）这个词。这个词来自希腊语中的爱（philia）和知识，或者说智慧（sophia），因此，从字面上说，哲学家应该是热爱知识的人。不过，这一解释并没有抓住哲学探究（philosophical inquiry）的准确本质。除了哲学家以外，医生、律师，甚至可能还包括政治家等也大都是热爱知识的人。不过，这些领域通常只需要你集中学习或掌握某些特定学科的知识或专业技能，而哲学的范畴却非常广，涵盖了人类所关切的一切领域。可能正是因为这一点逻辑上的例外，哲学才没有像数学或历史一样确立知识体系。确实，就连面对哲学领域最基本的一些问题，哲学家们都很少达成一致。

哲学区别于其他学科之处就在于，它关心位于一切人类活动或兴趣核心的基本问题和概念：知识的本质、现实的结构、生命的意义和价值等。诚然，哲学会提出一些确定的理论和主张，有一些可能是对的，还有许多可能令人费解。不过，这些都是非常哲学化的理论和主张，它们符合人类对理解和阐明真正基本问题的渴望。简而言之，哲学就是一门追根究底的学问。

相应地，科学哲学的目的就是回答关于科学的基本问题。科学知识与其他类型的知识有区别吗？科学正在一步步接近绝对真理吗？科学会受政治和性别的影响吗？多种多样的科学门类之间是如何彼此关联的？另外，某些科学领域本身就存在一些待解答的哲学问题，比如心理学（机器可以思考吗？）、物理学（这个世界是决定论的吗？）和生物学（进化有趋于复杂的内在倾向吗？）。在本书中，我们会经常谈及这些与特定领域相关的问题。不过，我们主要关心的依然是与科学本质相关的“大问题”。

在 20 世纪，科学哲学是作为学院哲学（academic philosophy）的专业分支而存在的，它拥有自己的期刊、课程和协会，不过，科学哲学本身其实与哲学一样历史悠久。从古至今，热爱知识的哲学家们折服于科学知识的力量。西方传统中许多最为伟大的哲学家（至少曾经）也是科学哲学家：亚里士多德、笛卡儿、休谟、康德、约翰·穆勒和伯特兰·罗素等。其实，直到最近人们才开始区分哲学和科学。19 世纪以前只有哲学或“自然哲学”，牛顿的力学名著就取名为《自然哲学的数学原理》(*The Mathematical Principles of Natural Philosophy*)。

尽管日常的科学实践中不会常常提到哲学，但前沿的科学问题常常会引出一些深刻的哲学问题，比如有关时空、因果和经验的问题。这就无怪乎一些最伟大的科学家会在其研究方向上表现出非常深刻的哲学性。这些人除了牛顿，还有伽利略、达尔文、尼尔斯·玻尔、阿尔伯特·爱因斯坦、史蒂芬·杰伊·古尔德和史蒂芬·霍金等。正如本书中提到的，最早的科学家就是对自然界有特殊兴趣的哲学家。

尤其是在近来的实践中，你会发现哲学其实是极其抽象的。它在大多数情况下都是如此，毕竟哲学探讨的不是事件的某一个特定状态，而是普遍存在的概念和问题。

正如 20 世纪杰出的哲学家威尔弗里德·塞拉斯（Wilfrid Sellars）所说，哲学的目的是“理解最广泛意义下的事物是如何在最广泛意义下结合起来的”。科学哲学确实如此。因此，本书的核心章节，也就是第 2 章到第 4 章，将在非常普遍的意义上，探讨三个有关科学是如何结合在一起的基本问题：科学的本质是什么？科学的方法是什么？科学的目的是什么？

然而，哲学家也得谨记，科学是人类文化的具体产物，不是抽象的，它有确切的历史，并对人类（和非人类）的福祉产生过巨大影响。因此，本书开篇将先探讨科学的起源，以及它是如何一步步脱离宗教和哲学的。第 5 章探讨的是，社会和政治力量对科学的渗透有多深，或者说应该有多深。第 6 章将抛出一个问题，未来可能实现的科学发展对人类来说预示着什么。在本书最后，我们将探讨科学与人类价值观之间的关系。

所有这些问题，我都有自己的见解，读者在阅读本书时，将一次又一次地清晰看到和感受到。不过，我的目的并不是说服你接受我的任何一个观点，而是想让你看到，科学和大自然一样，本身也会产生源源不断的哲学之谜。

PHILOSOPHY OF SCIENCE

目录

A BEGINNER’S GUIDE

第 1 章

科学的起源

科学起源于何方？为什么说许多伟大的哲学家也是科学哲学家？科学革命是怎样一步步开启的？

要谈论科学，最基本的问题就是科学是什么？显然，下定义是确定事物本质的方式之一。好的定义会告诉我们成为这个事物必须具备的充分和必要条件。举个例子，“煤矿工人”的定义会告诉我们，要具备哪些独特技能的人才是而且只是煤矿工人。因此，我们也许可以通过定义来明确什么是成为真正科学所需具备的充分和必要条件，进而解释科学是什么。也就是说，我们要划出确定的界限，说明什么在科学界限内，什么在科学界限外。类似地，如果某人想要了解加拿大是什么，我可以直接告诉他加拿大的国界在哪儿：加拿大就是在这些界限内的所有领土之和，落在这些界限之外的不属于加拿大。

在第 2 章中读者还将看到，就像很多国界是模糊且有争议的一样，要想准确定义科学也会遭遇意想不到的困难。幸运的是，要了解某个事物的本质，除了下定义，还有一种方法可以运用，那就是研究它的历史。我们可以通过一些历史问题来了解加拿大，比如：这块如今被我们称为“加拿大”的领土是如何形成的？它早期的周边国家、经济和社会力量、对内和对外战争等是如何影响其领土轮廓和界限的形成的?

作为开篇第 1 章,我将用研究历史的方式,通过探索科学的起源及其早期发展,尽可能多地解说科学的本质。既然我们现在的目的是找到科学有别于其他事物的特征,而不是其内在的演化和细化,那么我们重点探讨的阶段将是:从科学脱离古希腊宗教和哲学时起,到科学在 17 世纪欧洲科学革命(Scientific Revolution)中兴盛时止。待我们基本熟悉科学这一人类奇迹的诞生和成长后,后续章节将继续探讨现代科学的发展。

古之源头

我们身处的世界是如何发展成今天这个样子的?它为什么会是今天这样的构造?这些都是宇宙学的问题,宇宙学是最古老的科学。最早的宇宙学家理所当然地认为,自然界里存在的衣物、住所和工具都是由智慧生物设计并制造出来的。改造整个世界是一项极其浩大的工程,假设真的存在这样的智慧生物或神明,他们既然有力量改造整个世界,自然是值得恐惧和崇拜的对象。而在改造世界的过程中,他们也像人类一样,有时需要协作,但在多数情况下是彼此对抗。这一点也体现在各国的传说中。古巴比伦的传说认为,创造这个世界的是至高神马杜克(Marduk),他将对手提亚玛特(Ti'amat)的身体一分为二,便有了天与地。苏美尔人也有自己的"埃里度创世记"(Eridu Genesis)[①],埃及人有努恩(Nun),努恩在无边无际的汪洋中创造了世界,同时将

① "埃里度创世记"是苏美尔人的创世神话,发现于一块泥板上,以楔形文字写就。——编者注

一些不重要的任务委派给了他的属下。

古代文化利用这些拟人化的神明来解释自然界的起源，以及自然界的变化和循环。为了按时序记录神圣的活动和神迹，并标记与农业活动周期有关的宗教节日，古巴比伦人、古埃及人和古叙利亚人编制过极其详细的星位图，记录天体的运动。当时的算数、几何学，甚至代数都取得了惊人的发展，而这些成果被用到星位图的绘制中，推动了早期天文学的发展。在近代科学出现以前，数学就已经成为人类理解自然不可或缺的工具。不过，虽然有越来越多的早期天文学家选择用数学去描述自然，但他们在解释自然现象的发生过程时，仍然采用超自然和神话的方式。

希腊人当然也有自己的神明和神话创作者。其中最著名的神明要数宙斯和阿波罗，最著名的神话创作者要数荷马和赫西奥德。公元前 6 世纪时，一种崭新的解释宇宙的方法出现了，这个方法与希腊传统中的神明完全无关或者说几乎无关。如今的土耳其西海岸曾出现过古希腊城邦米利都，那里的一群哲学家建立了宏大的宇宙模型，这些模型中的驱动力主要是自然力和真实存在的事物，而非拥有超人力量的智慧生物或神明。他们认为，一切自然现象都是单一基础物质的不同表现。

比如，古希腊哲学家泰勒斯（Thales）认为这种物质是水，他之所以持此观点，可能是曾观察到水在固态、液态和气态之间转换。他提出，地震是由海洋波动引发的，人们之所以能看见事物，是由于眼球上含水物质的反射。另一位哲学家阿那克萨哥拉（Anaxagoras）并不满足于“单一物质为万物本原”这么简单的理论，他认为所有的物质都是由土、空气、火和水这些基本元素以特定形式混合而成的，有点像是“化学”的概念。他还假设存在着一种基础力——努斯（nous），努斯并不是一个神，而是支配万事万物的准则，或者说，努斯决定了万事万物的命运。另一学派也提出了自己的假设：世界是由微小且不可分割的原子构成的，这些原子处于无止境的运动和碰撞中。这个假设对后来的理论发展具有指导作用，并在 17 世纪再度重提。这些早期的古希腊宇宙学家们虽然提出了不同的宇宙模型，但他们的目的是一致的：用尽可能简单的、而且非神化的原理去解释人们所处的这个世界。这也是此后宇宙学发展的目标，以及科学发展的总体目标。

古希腊人也很擅长数学，尤其是几何学。欧几里得的《几何原本》（*Elements*）为几何学奠定了基础，提出了一个演绎推理的模型，从不证自明的公理或假设，一步一步地推理出某些惊人的结论。约翰·奥布里（John Aubrey）曾写过一段著名的趣闻，主角是 17 世纪的哲学家托马斯·霍布斯（Thomas Hobbes），这个故事充分展示了欧几里得方法的魅力。某天，霍布斯来到朋友家，看到办公桌上有一本摊开的《几何原本》，他瞥了一眼，读到了一则定理，令他非常惊讶。他惊呼道：“这不可能！”于是，霍布斯按照书中的定理证明方法从后往前推导，一个定理接一个定理地验证，执拗地推导到了书的前几页，这才最终相信那则定理的正确性。“而这，”奥布里说，“也让他爱上了几何学。”在之后的两千年里，欧几里得提出的定理一直被认为可能是唯一能够保持一致性的几何学，直到 19 世纪，人们才发现了其他的几何学理论。

在天文学领域，欧多克索斯（Eudoxus）和克罗狄斯·托勒密（Claudius Ptolemy）很早就将几何学极为准确地引入了天文学研究。托勒密的地心说，即“以地球为中心”的行星系（planetary system）[①] 模型将常识和经验正确度结合了起来，该理论为整个 16 世纪的天文学探究提供了指导，甚至为今天的航海提供了便利。毕达哥拉斯（Pythagoras）是古希腊哲学家、数学家，那个著名的有关三角形的定理也是以他的名字命名。毕达哥拉斯的追随者们带着宗教信徒般的狂热孜孜不倦地研究几何学和算术。他们甚至假设，从某种意义上说，自然界就是由数字构成的，并想象行星轨道会像里拉琴的琴弦一样，演奏出和谐美妙的音乐。毕达哥拉斯学派的学者们坚信大自然在本质上是数学的，是可以理解的，这一点也获得了伽利略、牛顿等科学革命领军人物的认同，并且存在于弦理论等现代物理学基础理论之中。这些，在后文中会进一步加以阐述。

然而，这一普适性的科学观点没有得到苏格拉底的认同。苏格拉底是古希腊最著名的哲学家。比起宇宙结构，苏格拉底更关心美德和正义的本质。他对这些理想的执着追求激怒了雅典城邦的长老们，并因“腐蚀年轻人心灵”而被判死刑。其中一个“被腐蚀”的年轻人就是苏格拉底的学生——伟大的哲学家柏拉图，他用一系列精彩睿智的对话讲述了这些意义重大的事件，这些对话大都收录在《苏格拉底的审判和死亡》（*The Trial and Death of Socrates*）一书中。

在柏拉图所著的《斐多篇》（*Phaedo*）中记载了苏格拉底对早期哲学家自然主义方法的幻灭缘由：“过去，我极其热衷于他们所谓的‘自然科学’智慧。我觉得若能知道万事万物的因由，知道它们为什么发生、为什么灭亡、为什么存在，那必将是一件绝妙之事。”但苏格拉底发现，科学只能解释不同事物如何融合，同一事物如何分裂，但不能

① 此处托勒密提出的行星系就是我们现在所说的太阳系（solar system）。——译者注

解释它们为何会具有这样的性质。比如，我们说某样东西是一个“基本单元”，或者说它很大或者很美丽，而这些并不能用它各组成部分的物理或化学结构来阐释。苏格拉底总结道：“我再也也说服不了我自己，我再不相信旧的探究方法可以告诉我一个单元或其他任何东西当前形态的成因，以及它们为何会消失，甚至为何会存在，我再也无法接受这样的方法了。”

因科学声称能解释万事万物的根本性质而对其幻灭的不只有苏格拉底，还有柏拉图。柏拉图其实相当关注宇宙学，他认为在远古时代有一个能工巧匠或者说创世主为混乱的世界带来了秩序。不过，他秉持的形而上学视角还是让他低估了科学知识的价值。树和河流我们都十分熟悉，但柏拉图认为，我们用感官感知到的树和河流至多不过是“理想形式”的树和河流的拙劣模仿。不幸的是，只有当死亡将我们从肉体的“囚牢”中释放时，我们才能充分了解这些理想形式是何模样。而在死亡之日降临前，纯理性的哲学和数学探究模式就是我们最能接近这些理想形式的方式了。根据《斐多篇》所述，苏格拉底在临终前称哲学的特点就是“练习死亡”，并讽刺道，许多人说“哲学家活着实际已经死了”。在柏拉图著名的寓言中，我们绝大多数人就像穴居人一样，凝视着洞穴壁上晃动的影子却对它们永恒而完美的来源无知无觉。可能出于对自己所处时代科学家们的嘲讽，柏拉图称，也许有的穴居人“非常敏锐，在经过时发现了穴壁上的影子，还记下了哪些影子先出现，哪些后出现，哪些同时出现”，但若我们因此而崇拜他们就太荒谬了。

有一种说法是，晚于古希腊的所有哲学都“只是”给柏拉图哲学加的“脚注”。而另一种说法是，若追根溯源，后世所有的自然科学都受到柏拉图弟子亚里士多德的启发。亚里士多德得以流传至今的思想似乎都源自他的讲义而非正式论文，所以可能显得有些杂乱无章、晦涩难懂，但它们所展示的科学智慧具有无与伦比的广度和洞察力。

文艺复兴时期的画家拉斐尔将柏拉图和亚里士多德这对师生相左的思想浓缩到了优美的画作中，也就是著名的《雅典学派》。花白胡须的柏拉图将手虔诚地指向天，代表理念（forms）[①]，年轻而富有男子气魄的亚里士多德站在自己老师身边，但向前微微迈了一步，将我们的注意力带回到眼前的环境中，代表感觉（senses）。在亚里士多德看来，所有的知识都源于经验，而对自然界的细致研究是智慧和快乐的源泉。作为医生之子，他对生物格外着迷："我们应该敢于研究每一种生物，不带有反感或厌恶。"他在《论动物的部分》（*Parts of Animals*）中说："每一种动物都会向我们展示出一些自然而美丽的东西。"

不过，细致研究的意义并不仅仅是带来快乐，科学家的真正目的是找到自然现象发生的真正原因。亚里士多德认为，任何自然现象都能用 4 个原因或理由去解释：质料因（material cause）、动力因（efficient cause）、形式因（formal cause）和目的因（final cause）。以动物的繁衍为例，亚里士多德对此进行过非常细致的研究。质料因是指这一过程中所涉及的"物质"，而在绝大多数情况下，这一物质指雌性的卵子。动力因是指动作或变化产生的直接源泉或"触发点"，亚里士多德认为这是雄性的精子。形式因是指某样事物区别于其他事物的特征。在动物的这个例子中，不同物种各自所特有的特征就是形式因。比如说，

① 柏拉图认为理念是独立存在于事物与人心之外的存在，是事物的原型，理念也译作理型。上一页中所述"理想形式"就是理念。——编者注

理性和两腿直立行走就是人类形式因的一部分。虽然形式因与柏拉图用来解释事物性质的理念论功能相类似，但亚里士多德否认形式因可“脱离”物质本身而独立存在。

最后一个，自然过程的目的因是指它的最终结果或目的。在动物繁衍问题上，这个最终结果就是成年生物体。亚里士多德不相信宇宙有“智慧设计者”，但他确实认为整个自然界有其最终结果或目的。动物的各个部分都有其目的因，心脏的目的是泵血，眼睛是看，诸如此类。将繁衍看作整体，它也有目的因，即永远延续。纯粹的物理过程也有目的因：行星的目的是尽善尽美地完成永恒的圆周运动，而下落物体的目的是“奔赴”地球中心它们“自然静止”的位置，而火是要力争向上。将世界看作一个整体，它的运动取决于神圣的“不动的推动者”（unmoved mover），它就是这个世界的目的因，是万事万物想要成为的对象，因此，它们都会被吸引过去。若以现代眼光去看，认为并非有计划的无意识过程有其目的和目标似乎很怪异，但亚里士多德认为目的是解释自然过程必不可少的因素。正如我们将看到的，放弃最终因果论是现代科学出现的重大转折点。

亚里士多德是第一个详细阐述科学方法的哲学家。依他之见，论证或三段论法的使用对科学推理来说至关重要，它们可以将普遍适用的前提（所有的哺乳动物都会哺育自己的幼崽）与具体的或较为局限的前提（狗是哺乳动物）结合起来，推论出一些事实（狗会哺育自己的幼崽）。注意这类论证的逻辑力量：如果前提为真，结论就必然为真。亚里士多德说，科学论证中的前提即便无法不证自明，也有其必然性。前提既然是必然的，结论也就是必然的，我们也就可以声称推论出的事实是可靠的。

但这就产生了一个显而易见的问题：我们如何能知道科学论证中的前提都是必然的呢？亚里士多德认为这个必然性不能从观察到的实例中归纳而来，因为我们永远无法确定自己是否见过了所有的相关实例。在一场对亚里士多德来说都很晦涩的讨论中，他提出用更直接且依赖直觉力的方法来理解科学的基本原理："唯有直觉才能比科学知识更真实，因此用以理解科学论证基本前提的也应是直觉。"在这个问题上，亚里士多德表现出的也许是柏拉图对他的影响，与他本身更追求经验、"实事求是"的知识观念相反。不过，他所提出的这个问题，科学如何兼顾必然和经验，成为科学哲学领域长期存在的问题，我将在第 3 章中再来讨论。

尽管亚里士多德对后世科学发展的影响甚深，但现代科学的两个重要特征对他来说是相当陌生的：实验法和数学定律。在研究动物繁衍时，他一丝不苟地观察并记录了鸡胚胎的变化过程，但从未将鸡蛋置于不同的环境中，观察不同环境对其发育的影响。亚里士多德之所以不愿意做这种实验，部分原因是他认为科学只应该关注自然变化和自然过程，不能人工创造条件。他认为，如果精心设计实验，过度操纵自然条件，我们就不是真正在做科学，而更像是在做艺术或工艺。

另外，亚里士多德虽然提出了一些运动定律，但在阐释这些定律时并没有用到数学定律，都是用非量化的特性进行描述。他似乎认为数学与科学的关联非常有限，至少在天文学以外的领域是如此，这些领域的运动并不像天文学领域的运动一样那么有规律和简单。数学是理想化的，或者说是抽象化的，但大自然的变化是复杂的，受各种因素的影响。举个例子，燃烧是一个复杂的变化过程，涉及土、空气和火，而且与水是相对立的。数字该如何解释这些呢？亚里士多德据此驳斥了毕达哥拉斯学派的观点，称："他们没有说过任何与火、土这类物质有关的内容，我认为个中原因是他们无话可说，尤其在把他们的理论用于可感知事物上时更是如此。"

科学哲学新视野 PHILOSOPHY OF SCIENCE

突破到宇宙另一侧

与绝大多数古宇宙学家一样，亚里士多德也主张宇宙是一个有限的球体，其最外层界限周围是区别于其他 4 大元素的第 5 种元素。亚里士多德否认虚无空间的存在，认为推测宇宙边界以外什么样子毫无意义，因为根本没有"那样的"地方存在。从亚里士多德时代到 17 世纪，无限、虚无空间概念的主要支撑是一个思想实验。人们通常认为这一思想实验的提出者是希腊数学家阿契塔（Archytas）。假设宇宙边界处站着一名剑客，他的剑是否可以刺穿边界，伸到另一侧去？如果可以，那边界之外就有空间存在。加之该剑客可以无限次地在新确认的边界处重复戳刺动作，宇宙必定是无限的。如果他的剑刺不过去，就必然有某种坚固的屏障在阻碍它。但这个屏障在剑尖所及之处外，必然还有一个外侧边缘，那么就可以对这个外边缘运用同一个思想实验，并不断重复。关于这一思想实验和类似思想实验的争论贯穿了整个中世纪，最终被约翰·洛克（John Locke）和牛顿援引来支撑现代的无限、绝对空间（和时间）的概念。

亚里士多德对科学的各个领域都有研究，包括宇宙学、物理学、解剖学和心理学，但他对生物学尤为着迷。至于医学，尽管他父亲是医生，但他自己在这方面的研究相对有限。不过，古希腊时期也有伟大的医学家。古医学的发展遵循了与宇宙学类似的道路，对事物的解释从超自然逐渐发展到自然。埃及和美索不达米亚的医术是生理学、鬼神学和巫术的混合体，诊断和治疗依赖于超自然的假说。但古希腊的医学天才希波克拉底（Hippocrates）不同，他坚持通过仔细检查病患身体症状寻找其身体内外的病因，而他当时所写的医生誓言依然被现代医生奉为神圣至理。希波克拉底认为，疾病通常是由人体内化学成分不平衡所致，最好的治疗方法是激发身体自身的免疫系统，而不是动用手术或其他侵入性治疗手段。

这种整体性、系统性的医学方法后来由盖仑（Galen）等人发展概括为疾病的“四体液说”，该理论主导了医学界千年之久。该理论认为，正如在非生物界有 4 种基本元素（土、空气、火和水），人体内也有达到微妙平衡的 4 种化学元素：黑胆汁、黄胆汁、血液和黏液。当时的医学带有些微诙谐，这一点即便没有留存到现代医学操作中，至少还在医学术语中保留了些许痕迹：比如“胆汁质”（bilious）和“黏液质”（phlegmatic）[①]。尽管以现代医学的眼光看，希波克拉底有时所用的一些疗法可能显得野蛮，比如放血疗法，但当今医学仍非常关注荷尔蒙、抗体、神经递质等成分间的不平衡。

① bilious 有暴躁易怒的意思，这也是胆汁质性格的特点之一，phlegmatic 有黏液质性格特点的含义，即冷静、沉着。——译者注

科学哲学新视野 PHILOSOPHY OF SCIENCE

芝诺的运动悖论

柏拉图否认理念的世界会受变化影响，在这一点上他深受哲学家巴门尼德（Parmenides）的影响。巴门尼德发现自己难以谈论或想象什么是“非存在”，即便构思虚构生物也并非全然无中生有，因此，他得出了一个激进的结论，世上只存在一样东西，他将之命名为“存在”。依他推论，如果世上存在两样东西，它们势必“不同”，但你无法真正想象出与存在不同的是什么。此外，“存在”是不变的，否则它会先是这个样子，然后又变成“不同”的另一个样子。巴门尼德的推论显然很难理解。但他的学生，也就是才华横溢的芝诺（Zeno）构思了一系列著名论证，以支持自己老师的观点，这些论据旨在证明相信多重性和变化有多么荒谬。

其中几个论据旨在反驳运动的可能性。巴门尼德认为运动是变化的一种，因此否认运动的存在。这些著名的“运动悖论”之一围绕一场赛跑展开：比赛双方是荷马史诗众英雄中速度最快的阿基里斯（Achilles）和乌龟。假设赛程为 20 米，阿基里斯让乌龟领先 5 米起跑。

T1_______T2____T3_T4 . . . __________________

A1_________A2_______A3____A4 . . . _____________________

不管阿基里斯跑得多快，当他跑到 5 米处时，乌龟都已向前移动了一段距离，假设是 2.5 米。当他跑到 7.5 米处时，乌龟又利用这段时间移动了 1.25 米。如此循环往复。芝诺推论，阿基里斯若要追上乌龟，就得在有限的时间里跑到无限远，但这是不可能的，也就是说，阿基里斯永远追不上乌龟。这就是荒谬之所在：跑得快的永远追不上跑得慢的。这个悖论其实是建立在一个数学错误之上，若是熟悉现代数学的读者就很容易发现。5 + 2.5 + 1.25 +……之和并不等于无穷，而是 10（现代微积分所认为的“极限”）。因此，阿基里斯会在 10 米处超过乌龟。亚里士多德也发现了这一悖论的谬误之处，尽管他的理解有些晦涩，他认为，阿基里斯有足够的时间超过乌龟，因为时间与空间一样，都是可以无限分割的：他有无限的时间去覆盖无限分割的空间。

不过，换一种描述方式这一悖论就没有那么容易解决了。假设阿基里斯在起跑时右手握着一根接力棒，并在 5 米处换到左手，再在 7.5 米处换回右手，如此循环往复。当他在 10 米处追上乌龟的瞬间，接力棒在他的哪只手上？这个问题看似没有答案，但肯定是有的！从芝诺悖论中衍生出的这一谜题与类似谜题仍然是现代空间、时间和无穷问题的探究核心。

中世纪和文艺复兴

在第一个千禧年的头几个世纪中，除古希腊艺术和文学之外，古希腊哲学和科学的基本要素也为罗马文明所采纳和转化，与此同时，希腊自己也对柏拉图和亚里士多德的哲学进行了发展和完善。不过，随着罗马帝国的衰落，随着犹太教、基督教和伊斯兰教的政治权力日益增强，人们越来越忽视或蔑视对古希腊文化的学习。“雅典与耶路撒冷有什么关系，”早期基督教领袖德尔图良（Tertullian）问道，“或者说，学会与教会有什么关系？”尽管希腊思想对圣奥古斯丁（St.

Augustine）、波爱修斯（Boethius）等重要人物有过巨大影响，但主要是在神学方面。科学至多是“神学的侍女”。

从5世纪到第一个千禧年结束，欧洲几乎看不到独立的科学探究。不过，大概在9世纪前后，伊斯兰世界，尤其是叙利亚和巴格达，开始广泛翻译和传播亚里士多德的著作。此举带来了哲学活动的兴盛，引发了伊斯兰哲学家阿尔法拉比（Al-Farabi）、阿维森纳（Avicenna）、阿威罗伊（Averroes）和犹太思想家迈蒙尼德（Maimonides）等人关于亚里士多德哲学和宇宙学所蕴含神学意义的争论，这些成了“伊斯兰黄金时代”的组成部分。在千禧年之交前后，科学、数学、天文学、医学也在蓬勃发展，给托勒密的地心说、盖仑的四体液说带来了严峻挑战。不过，黄金时代对科学和宗教之间关系相对开放的态度最终还是被神学所取代，加上十字军和蒙古军入侵的压力，伊斯兰科学在12与13世纪迅速衰落了。

学习之风在中东衰落时，在欧洲却开始了复苏。黄金时代时，现存的亚里士多德著作被翻译成拉丁语，并在过去以柏拉图式基督教神学为主导的欧洲学校和修道院中被广泛学习和研究。伊斯兰教思想一般认为自然哲学或自然科学应当与神学“保持一定距离的”，不过，亚里士多德思想中的经验主义和自然主义倾向却被基督教神学吸收同化了。圣托马斯·阿奎那（St. Thomas Aquinas）经常尊称亚里士多德为“大哲学家”（The Philosopher），他认为科学和宗教，或更广义上的，理性和信仰，是人类认知上帝和宇宙万物的一对互补途径。既然人是上帝按自己的形象创造的，那我们利用自己的智慧去认识世界也是合理的。另外，上帝在创造万事万物时为其注入真正的威力和特殊的性质也是合理的，而这些威力和性质正是科学希望认识的。罗伯特·格罗斯泰斯特（Robert Grosseteste）、罗吉尔·培根（Roger Bacon）等与科学更直接相关的哲学家们倡导实验科学，一是支持实验科学本身，二是因为实验科学可以很好地与宗教共存。

位于牛津、巴黎和博洛尼亚的主要大学是在这种崭新的知识氛围中、在城市中心和贸易急剧增长的影响下建立的，它们除了设置传统的神学课程之外，科学技术类课程也越来越多。14 世纪时，有一群人将运动学（自由运动）和动力学（力作用下的运动）间的根本区别引入了物理学，这群人如今被称为“牛津计算师”（Oxford Calculators）。这一区别的引入，让人们自亚里士多德后，第一次可以不考虑运动“原因”的问题，用纯数学的方式分析运动，这样的分析也得出了与现代自由落体定律非常近似的结论。此外，为什么抛掷物在离手后还会继续向上运动，远离其自然静止的位置呢？这是一直困扰亚里士多德物理学的问题，为解决它，让·布里丹（Jean Buridan）提出了冲力理论（impetus theory），这是现代惯性概念的前身。尼克尔·奥里斯姆（Nicole Oresme）也提出了第一批关于地球运动的系统性论点。

科学哲学新视野 PHILOSOPHY OF SCIENCE

谴责亚里士多德

中世纪时，亚里士多德的哲学是不可能被广泛接受的。有时，这种“异教徒”思想的支持者还会遭到迫害和囚禁，比如罗吉尔·培根。针对受古希腊思想影响的特定学说和文稿的官方谴责，通常来自罗马天主教会。举个例子，1277 年，巴黎大主教艾蒂安·唐皮耶（Etienne Tempier）谴责了 219 个神学和科学的“主张”，他认为其中许多与“激进的亚里士多德哲学”有关。格外有趣的是他对下列主张的谴责：

- **上帝并不能让天空做直线运动，否则就会在原处留下一片虚空。**
- **如果天空是静止不动的，火就无法燃烧亚麻，因为在这种情况下时间就不会存在。**

这些主张均源于亚里士多德的观点，亚里士多德认为，没有物质的空间和没有运动的时间都是不可能存在的。唐皮耶拒绝接受这些学说，因为它们否认了上帝的无限威力：只要上帝愿意，他怎么就不能创造一个空无一物的空间，一段没有运动的“空闲时间”呢？

尽管这样的谴责似乎是神学对科学领域的非法侵入，但出人意料的是，据皮埃尔·迪昂（Pierre Duhem）等杰出历史学家称，它们可能对推动现代科学诞生有一定助益。在它们的刺激下，科学家和哲学家开始探索“上帝全能”所隐含的物理学和宇宙学意义。举个例子，若上帝可以移动整个宇宙，并随心所欲地停止和恢复它的运动，那么似乎就必须有能让他施展这一威力的空的空间和时间。同样有悖于亚里士多德观点的是，若球状的天空可以仅凭上帝的意志而移动，无须其他力的作用，那么这种运动就没有理由不一直持续下去。对亚里士多德哲学的谴责，帮助奠定了现代惯性概念与绝对空间和时间概念的基础，因为这些都是被亚里士多德哲学排除的内容。

15 世纪时，随着欧洲学习之风的“重生”（复兴），科学开始蓬勃发展，百花齐放。柏拉图取代亚里士多德成了哲学灵感的主要源泉。当时的当权派知识分子支持的是个体理性和直接观察，而柏拉图哲学中却常常混有巫术、基督教、犹太教（犹太神秘哲学）和中东的元素，这一折中主义与人们对这些知识分子的普遍不信任脱不开关系。科学在导航技术和军事技术上的应用日益广泛，让科学家们得以在教会、大学以外寻得资金支持，这在一定程度上激发了人们的创新精神。在这种富有冒险精神的知识氛围下，科学的各个领域都有了重大发现，艺术和文学自然更不用说了。不过，这种氛围也阻碍了传统权威巩固自身权力，因而引发了冲突。其中最著名的例子就是一场天文学革命，这一革命否认了地球是宇宙中心，让科学走上了自古典主义时期以来前所未见的独立之路。

哥白尼革命

托勒密以地球为中心的宇宙模型得到了常识和亚里士多德的支持，似乎也得到了《圣经》的支持，《约书亚记》第 10 章第 12 至 13 节中便有记载，上帝让太阳“静止”了一整天。数百年来，地心模型在预测行星运动方面表现出极高的准确度，但随着观测技术的改进，支持托勒密的天文学家们不得不对该模型进行无数次有针对性的调整，以维持其准确度。

举个例子，以地球为中心去观察，会发现数颗行星在“逆行”运动，它们会呈之字形和倒回状穿过夜空，而非保持连续的环形轨迹。为了解释这种异常，天文学家们给行星轨道添加了“本轮”（epicycle），行星会沿本轮运动，本轮的中心则是围绕地球运动，就像在“翻筋斗”

一样。随着观测到的异常现象不断累加，越来越多的本轮和各种各样的数学手段被引入天文学。波兰天文学家哥白尼将无数次调整后变得极为复杂的模型比作一幅肖像画，画中之人是参照众多各有千秋的美人绘制而成，“最终画成的会是怪物而非人类”。

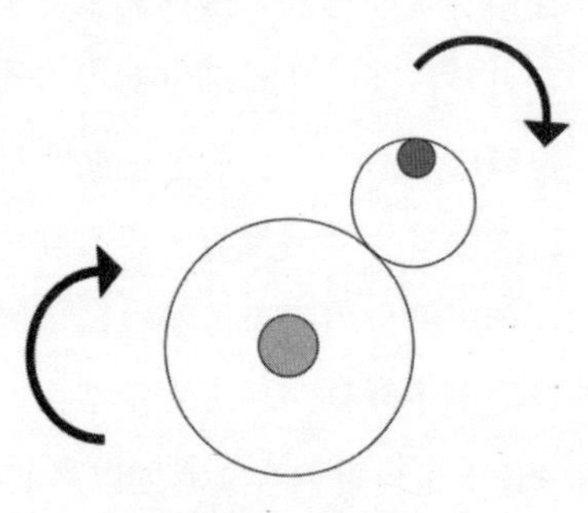

典型的本轮轨道[①]

1514 年，哥白尼手写了一本短小精悍的小册子，在其中悄悄阐述了他的日心模型。后来，他对该模型进行了更为深入的研究，并最终写成了一部技术性的专著《天体运行论》(*On the Revolution of the Heavenly Spheres*)，该书于 1543 年成功问世，据说哥白尼逝世于见到印刷成品的那天。这本书的编辑是德国神学家安德里亚斯·奥西安德(Andreas Osiander)，他未经哥白尼同意为该书作了序，其中一句带有歉意：“假设不一定需要是真的，甚至不一定需要有充分依据。相反，只要它们能提供与观察结果相符的预测，那就够了。”至于哥白尼对他的这一表态会作何反应，现在的我们也只能猜测了。奥西安德在此提出的观点是，科学理论的目标仅仅是与观察结果相符，而非与真理相

① 大圆环为均轮，小圆环为本轮，小圆球为行星，大圆球为地球。——译者注

符，尽管这并非是哥白尼的立场，但当科学理论与正统观念相冲突时，这确实是一个很有用的立场。距此 100 年后，伽利略也正因拒绝采用这样的立场而招致了谴责。

如果与观察结果相符是天文学的唯一目标，那么哥白尼模型想要推翻托勒密模型就几乎毫无胜算了，毕竟后者为与观察结果相符一直在做“翻新”。但德国天文学家开普勒的研究成果大大改变了这一局面。丹麦贵族第谷在汶岛（Hven）拥有自己的天文台，他经仔细观测有了新的发现。开普勒根据他的发现提出，行星轨道应该是稍带椭圆，而非严格的圆形。一旦摆脱亚里士多德对圆形的执着，哥白尼模型至少拥有了不输托勒密模型的准确度。此外，开普勒发现行星的椭圆轨道与它们的运行速度有如下关系：行星与太阳连线在相同时间内“扫过”的区域面积相等。这一定律正如开普勒所期望能发现的那般出人意料而又简洁精妙：他秉持的是毕达哥拉斯的自然观，甚至希望有一天能探测到“天体音乐”。

真正为哥白尼体系带来最终胜利的是其最杰出的捍卫者——伽利略。伽利略 1564 年出生于意大利比萨，其父是音乐家兼理论家文森佐·伽利莱（Vincenzo Galilei），文森佐在自己的专业领域里也是一个反传统者。起初，伽利略在比萨大学学的是医学，虽然没有证据证明他著名的比萨斜塔实验是在此期间进行的，但他确实很快便转攻了数学和科学领域。他还在一场讲座上根据但丁的《地狱篇》（*Inferno*）讨论了地狱的位置与尺寸，因而小有名气。后来，他前往著名的帕多瓦大学任教，为天文学完善了望远镜基础技术，并写了一部专著《星空信使》（*Starry Messenger*）。有了望远镜的观测结果支持，他开始公开捍卫哥白尼体系。

他观察到金星有不同的相位，让“地球静止说”难以自圆其说；他观察到木星也有卫星，并将之命名为“美第奇星”（Medicean Stars），以讨好当地贵族美第奇家族；他还观察到月球上有山脉，证明长期流传的亚里士多德学说“天空与陆地具有截然不同的性质”是错误的。

伽利略与哥白尼不同，他精于阐述，有可靠的科学声誉和不断增加的声望。天主教会迫于宗教改革的压力，不得已对他采取了行动。1616 年，伽利略的研究成果正式被禁，意大利宗教法庭红衣主教贝拉明（Bellarmine）亲自下令，禁止他“认同、维护、教授”哥白尼体系。对此，伽利略不敢掉以轻心：1600 年时，“异端”的自然哲学家布鲁诺被宗教法庭烧死在了火刑柱上，贝拉明正是布鲁诺案审判法官之一。

在接到贝拉明命令后的许多年里，天赋卓绝的伽利略投身于政治敏感性较低的科学问题研究中，比如纯粹数学、流体静力学、运动的本质以及物质的结构。后来，他的故友乌尔班八世（Urban VIII）当选教皇，让他重获了研究哥白尼体系的信心。新教皇或许是想奉行中庸之道，他劝伽利略改用更哲学的阐述，就像奥西安德自作主张为哥白尼做的解释那样。伽利略可以探讨哥白尼体系，但不得声称望远镜观察结果能够证明其体系的正确性，因为“上帝完全可以用截然不同的方式让事物产生我们肉眼所见的效果”。贝拉明也给了他同样的建议：“换个明智的说法，说地球运动、太阳静止比椭圆轨道和本轮更能解释所有天体运动的表象，这样就不会产生任何风险了。”伽利略很快发现，贝拉明所谓的风险是声称哥白尼的假说为真理。

科学哲学新视野 PHILOSOPHY OF SCIENCE

伽利略和思想实验

伽利略天赋卓绝，既是敏锐的观察者、杰出的数学家、拥有独创性的实验者兼技术员，还是出色的作家，这些天赋很少集中在同一个科学家身上。此外，他还是科学界伟大的“思想实验”设计者之一。面对高度抽象或高度理想化的情况，科学家们无法设计真实的实验，只能在头脑里构思在这样的情况下应该会出现怎样的现象。以爱因斯坦为例，他认为对于运动与静止的观察者来说，光的速度都是一致的，为了了解这个观点会带出怎样的结果，他曾想象自己搭乘在光束上。此类思想实验的意义往往不是检验理论，而是完善理论，看看从逻辑角度，这个理论（或其替代理论）会“导”出什么结果。但它也可能引发经验检验，就像爱因斯坦的思想实验一样。它也可能揭示出，该理论所给出的预测在逻辑上是不可能的。

伽利略也使用了思想实验以反驳普遍为人们所认可的一个假设：不同质量物体下落速度自然不同。他的脑海中出现了 2 枚炮弹，一枚 10 磅，一枚 1 磅，由坚固的长杆连在一起。然后他问：与单独的 10 磅炮弹相比，这个物体会下落得更快还是更慢？遵从主流的自由落体假设思考，一方面，它更重，因此会下落得更快；另一方面，较小的炮弹应该会对较大的炮弹产生轻微的“拉力”，减缓其下落速度，因此整体而言会比单个 10 磅炮弹下落得更慢。无须真实实验，这个思想实验就可证明原假设会带来自相矛盾的结果，因此原假设必定存在某种问题。

1632年，伽利略出版了《关于两种世界体系的对话》(*Dialogue Concerning the Two Chief World Systems*)，这是一本通俗易懂的对话体著作，他在书中连珠炮似的抛出了诸多经验性和概念性的论证，这些论证最终决定了托勒密体系的命运。这显然违背了1616年红衣主教贝拉明给他下的命令，他也因此被传唤到罗马宗教法庭，受到了审问和谴责。宗教法庭还命令伽利略公开放弃哥白尼观点，他服从了，称："我诅咒并憎恶自己说过的谬论。"尽管因谴责而伤心欲绝，健康也因此恶化，但他并未就此放弃研究。聊以慰藉的是，他被软禁之地是佛罗伦萨附近的乡间别墅，离他的修女女儿很近，他在那里一直工作到1642年去世。

伽利略受审的正式罪名是违背了贝拉明的命令，但真正的问题还是源自科学与宗教间的关系，这一点至关重要。伽利略写给大公爵夫人克里斯蒂娜（Christina）的信广为流传，在信中，伽利略公然主张在研究自然过程时科学应占上风。他并没有遵从《圣经》的所谓自然真理，违背了贝拉明的命令，认为科学应成为解释《圣经》的指南："物理学上已确认的真理才是最适合辅助我们解释《圣经》真理的工具。"同样备受争议的还有科学本身的性质。伽利略认为科学不仅仅要"解释表象"，还应探究"业已证明的"关于这个世界的"真理"。上述争议持续至今，在第4章中我会继续探讨。

伽利略最终撤回了自己的言论，但他绝没有屈从于指控他的人，在科学争论中，他依旧极其固执，甚至傲慢。保存着他著作的意大利博物馆或许也应该保存下他的中指。

科学革命

哥白尼革命让地球从宇宙的核心位置掉到了第三位，鼓励了新观念的形成：整个宇宙遵循同样的规则，受同样的力作用。这一观念与亚里士多德的科学截然相反。伽利略的另一伟大成就是逐步发现了适用范围最广的一般规律，既适用于地球附近的天体运动，也适用于发生在任何地方的一切运动。伽利略通过钟摆、斜面和抛射体等一系列实验，证明所有物体（在真空中）下落时的加速度都是一样的，与它们的质量和构成无关。

他解决这个问题的方法有两点违背传统科学或者说亚里士多德科学的关键之处。第一，他的主要关注点在对现象进行精确数学描述，而非对它们本身进行解释或追究原因。亚里士多德认为，大自然远比纯数学对象“繁杂”得多。对于这一点，伽利略能够理解，但他一直坚信，自然之书本质上还是“用数学语言书写的”。第二，他赞赏亚里士多德对自然与人工之间区别的重视，但他认为实验设计对区分和修正物理学基本定律来说必不可少。

伟大的法国哲学家笛卡儿并不只是远远避开了因果思维和形而上学思维，更是认为，只有用全新的自然概念取代有问题的亚里士多德理论框架，科学革命才能成功。亚里士多德及其中世纪的追随者们给大自然填塞了大量性质、力量和界限，但笛卡儿坚称，世界就像运动中的简单广延物（res extensa）一样，适用于极简的数学概念。他认为，任何无法简化为运动中物质的现象，如思想和意志，都是完全脱离自然世界的科学禁区。

这种严格的“机械”自然观在科学领域成果极其丰硕，但也令笛卡儿作出了一些惊人的假设。例如，在这种自然观的驱使下，他将动物视作了“没有头脑的机器”（bête-machines）。传统观念认为，人类、动物、植物都有各自的灵魂。但对于笛卡儿来说，灵魂是一种要么全有、要么全无的物质，他以宗教为由，反对动物拥有灵魂的观点：“蠕虫、苍蝇、毛虫及其他动物像机器般运动的可能性比它们都拥有不朽灵魂的可能性更高。”笛卡儿也否定了血液循环发现者威廉·哈维（William Harvey）认为心脏的运动像泵一样的观点。笛卡儿认为心跳源自一种持续不断的发酵和迅速扩张的过程，而哈维的观点更像是赋予了心脏自己的意志，这一点他无法认同。

尽管存在上述争议，机械哲学还是成了科学革命的指导框架，并用以解释碰撞、气压、重力和化学反应。不过，虽然笛卡儿认为世界是完全由物质填满的“充满物质的空间”（plenum），但同一时期的英国科学家们更赞同“微粒”版本的机械哲学，这种哲学认为所有的现象都可以追溯到微小粒子间的相互作用。罗伯特·波义耳（Robert Boyle）利用这一方法发现了以他名字命名的气体定律，牛顿则是提出了光的微粒说。

笛卡儿哲学中另一富有影响力的代表观点则有关神学、哲学和科学之间的关系，这是自中世纪以来一直极具争议的问题。在《哲学原理》（*Principles of Philosophy*）一书中，他把所有的知识比作一棵树，“形而上学是根，物理学是树干，其他所有科学就是树干上长出的枝杈”。笛卡儿也曾试图从某些所谓不证自明的上帝的本质和行动中推导出自然法则，进而推导出所有具体现象的定律。神学和形而上学并没有预先将科学成果建立在《圣经》权威或亚里士多德学派权威的基础上，而是自己成了这一科学课题不可或缺的一部分。

哲学家约翰·洛克不认可笛卡儿想从形而上学中推导出物理学的计划，但他认可了修正后的哲学模型，因为该模型是在为科学服务，而不是指挥科学。洛克在自己代表作的序言中写道："在科学领域，伟大的'惠天才'（Huygenius）①、无双的牛顿先生等都是建筑大师，而对哲学家来说，能够受聘为小工，负责稍微清理下地面，扫走一些挡在知识之路上的垃圾就已算野心勃勃了。"

这一新兴科学对宗教也很有用处。宗教可利用对大自然的深入了解证明其创造者的存在，提供关于其创造者的深刻洞见，就像我们通过阅读作品来了解作者一样。在大自然成为有关"上帝的另一本书"后，科学也就成了某种意义上的"自然神学"。正如弗朗西斯·培根所说，科学是"除上帝之言外，最能纠正迷信、最能滋养信仰的"。在大自然中寻找神的意志有时被称为"目的论"，这种做法在科学革命期间备受争议。虽然笛卡儿将自然规律建立在上帝永恒且连续地创造物质和运动上，但他并不赞同揣测上帝意图的行为，认为这样的行为极其放肆狂妄。超笛卡儿（hyper-Cartesian）哲学家斯宾诺莎断言，在科学中援引上帝意志等于躲在"无知庇护所"中寻求庇护，伏尔泰则把目的论比作非要将人类的鼻子解释为眼镜的理想支架。

真正给目的论以最后一击的是 19 世纪时达尔文提出的物竞天择的

① 据考证，此处的 Huygenius 应该是指荷兰科学家克里斯蒂安·惠更斯（Christiaan Huygens），惠更斯是物理学先驱之一，亦是数学家、天文学家。惠更斯和牛顿都对洛克产生过重要影响，Huygenius 为洛克对他的尊称。——译者注

进化论。但在现代科学诞生初期，其中仍存在经验主义思想、哲学思想和目的论思想的混合体。一个很好的例证就是牛顿好友兼支持者塞缪尔·克拉克（Samuel Clarke）与伟大的德国通才戈特弗里德·莱布尼茨（Gottfried Leibniz）之间争论绝对的时间和空间是否存在的信件往来。莱布尼茨反对这些牛顿学说的主要论点之一就是，如果存在绝对的时间和空间，那么就说不清上帝为什么要在这个时间，而非另一个时间创造宇宙，也说不清上帝为什么要把宇宙创造在这个地方，而不是另一个地方了。莱布尼茨也不认同“上帝可以在没有充分理由的情况下随心所欲地促成某事”的观点，认为这种观点是荒谬的。而在科学革命期间，关于绝对时间和空间的这一争议也与其他争议一样，变成了混合有事实因素、神学因素和方法论因素的复杂体。

上文中洛克提到的“无双的牛顿先生”当然是指科学革命时期最伟大的天才艾萨克·牛顿。牛顿出生于普通的乡村家庭，但年幼时就已展现了不俗的数学天赋。牛顿想要揭开自然界各种运动的科学真相，而他发现，要做到这一点就必须发明一种新的数学方法，用统一的、有说服力的方式来表示加速度、瞬时速度、抛物线轨迹等。

1664 年是奇迹迭出的一年，剑桥大学瘟疫肆虐，在这一隔离时期，牛顿待在自己的乡间别墅里发明了“流数术”，也就是我们今天所说的微积分。有了流数术这一工具，加上开普勒、伽利略及同为英国科学家的罗伯特·胡克（Robert Hooke）的研究所奠定的基础，1687 年，牛顿出版了《自然哲学的数学原理》（下面简称为《原理》）。有了三大运动定律、一个“万有引力”定律和把时间和空间作为无限与绝对容器的模型，牛顿终于能用统一的方法去解释行星的椭圆轨道、伽利略的落体定律、月食和日食、每日的潮汐变化和炮弹的运动路径了。

与同为英国人的波义耳和洛克一样，牛顿坚持的通常是微粒说和经验主义方法论，他拒绝事物内在固有力量与能量的诱惑，认为这些都与经院哲学相关。因此，他在《原理》中宣称："我不会杜撰任何假说。"不过，早期的《原理》批评家们无一不注意到，牛顿的体系依赖于一种相当神秘的宇宙力量，该力可以在无机械接触的距离上发挥作用。这其实就是地球引力，地球引力问题不但困扰着牛顿，在未来 300 年中许多物理学重大进步中也都有出现，包括相对论和最前沿的"弦理论"。在现代科学哲学中，使用假设进行推理的合理性一直是主要争议之一，这一点在第 3 章中会再探讨。

在《原理》出版后那些年中，诸多领域证实了牛顿定律的正确性。从亚里士多德时代开始，彗星一直是个谜。它们的运动没有规则但又有明显的轨道，在它们面前，传统的对天上与陆上物体运动的区分就不成立了。牛顿定律并不支持此类二分法："大自然是极其简单的，且与其自身是一致的。适用于较大物体运动的推论往往也适用于较小物体。"1705 年，牛顿好友埃德蒙·哈雷（Edmond Halley）用牛顿定律证明了之前 3 次观测到的彗星实际是同一颗，还预测它的第 4 次出现会在 1758 年末，而他早已去世，未能亲自观测。1758 年圣诞节，彗星真的出现，不久便被命名为哈雷彗星，以纪念埃德蒙·哈雷。利用同样的定律和观测结果，天文学家也可以"倒推出"这颗彗星及其他彗星过往出现的时间，从而解释开普勒和许多中世纪科学家、古代科学家们所记录的观测结果。

牛顿有许多离经叛道的兴趣，比如炼金术和《圣经》考证，他对这些的激情不下于对力学的激情。但他的另一项持久成就来自古代光学领域。他利用一丝不苟的实验和精密的数学方法发现了白光是由各色光谱构成的，并提出了与光的波动说对立的光的微粒说。随着牛顿的发现得到证实并广为人知，它们不仅是科学界颂扬的对象，也成了国家的骄傲。诗人亚历山大·蒲柏（Alexander Pope）的下述诗句把握住了众人，尤其是英国民众对牛顿的热情崇拜：

> 大自然及其法则隐匿在黑夜；
> 上帝说，让牛顿来吧！
> 下一刻便光芒普照！

牛顿力学不仅为未来200年的物理学发展提供了基础理论框架，也设定了整个现代科学的模式。时至今日，一些无须使用爱因斯坦相对论解决的工程问题仍在使用牛顿定律。在现代观念中，科学应该提出普适定律。定律应该具备精确的数学公式，并能运用于复杂系统。假设如果存在着某种实体和力，那么它们的效果必须是可以直接观察并测量的。一种理论的最终评判应该是直接经验，而非哲学权威、政治权威或宗教权威。最后，现代科学主要采用微粒假设，即大型物体和变化过程的特征应该用它们较小部分的运动和相互作用去解释。在后续章节中，我将对这一科学观念所面临的诸多重大挑战进行评判。

尽管现代科学的酝酿和发展已有2000年的历史，但它成为主流知识模式却只有短短数百年，在世界许多地方甚至还远不到数百年。因此，一丝不苟且带有批判性地思考科学知识的本质、它与其他理解方式的关系以及它引导人类走向未来的潜力意义重大。这些也是我将利用后续篇幅探讨的有趣内容。

要点总结

PHILOSOPHY OF SCIENCE A BEGINNER'S GUIDE

1. 宇宙学是最古老的科学。古希腊哲学家最早提出了无神论的宇宙模型。
2. 亚里士多德是第一个详细阐述科学方法的哲学家，他认为三段论法对科学推理至关重要。
3. 哥白尼革命让地球从宇宙的核心位置掉到了第三位。伽利略将运动定律推广到了整个宇宙。
4. 笛卡儿的机械哲学虽然存有争议，但仍然是科学革命的指导框架。
5. 牛顿力学不仅为未来 200 年的物理学发展提供了基础理论框架，也设定了整个现代科学的模式。

A BEGINNER’S
GUIDE

第 2 章

定义科学

划分科学和非科学是否存在着单一的标准？可检验性是科学的本质吗？智慧设计论和弦理论是科学吗？

在《柏拉图对话集》的《美诺篇》(*Meno*)中，主人公美诺提出了一个关于“探究”可能性的两难问题：“人无法探究自己所知道的，也无法探究自己所不知的。无法探究自己所知道的是因为他既已知道，自不必再探究；无法探究自己所不知的是因为他不知道自己要寻找的是什么。”美诺困境所忽略的是，我们在探究某事物的确切本质时，通常是已经大致知道要寻找什么了。我们对现代科学起源的探究始于科学与神话间的区别，并在探究过程中不断修正我们对科学、数学、技术间关系的观念。通过这种方式，我们得以得出一些关于现代科学本质的初步但重要的结论。举个例子，我们发现，尽管科学一开始支持的是自然主义的、非拟人化的解释，但近来的科学发展更偏向采用实验操作和数学定律。而且，我们业已看到，在整个科学革命期间，假说与目的论式推理的作用一直备受争议。17 世纪时，科学盛行起来，但并没有切断它与哲学、宗教起源的所有关联。

然而，以探究历史来研究科学的方法也有其局限性。回归我们早前的类比，国与国之间的确切边界可以引发严重争端，尤其是涉及自然资源归属时。地图、条约这样的史料可能对解决争议有帮助，但它们本身仍是模棱两可或无定论的，比如在解决关乎国家上方天空，或者海岸外水域的归属权争端时。要确定一个国家的确切起始点可能需要对国家做出更准确的定义。同样，我们也希望能明确科学的定义，以解决科学难题。

所有的人都认为伽利略和爱因斯坦是在进行科学研究，而路德（Luther）[①]和甘地却不是。但若如此分类，下一步工作又该如何进行？遇到不那么明确的情况又该如何：牛顿在做炼金术时是在进行科学研究吗？米利都的宇宙论者是第一批科学家，还是第一批哲学家，还是两者兼而有之？而且，正如我们所见，时至今日人们还未就“智慧设计论”和弦理论是否属于科学达成一致见解。历史让我们练就了更敏锐的注意力，但如今是明确“科学”这一概念的时候了。

可检验性：科学的本质？

定义若太宽泛，就会将非科学的活动也囊括在内。举个例子，若我们将科学定义为“试图反映自然界的活动”，那么风景画家和描绘自然的作家也算科学家了。数学对现代科学发展至关重要，或许我们能将科学定义范畴缩小为：以数学方式反映自然系统。但这个标准似乎又过于苛刻。在考古学、地质学等众多公认为科学的领域，数学的作用就相对较小了。你在报纸体育版上能找到的数字和统计数据甚至比在普通考古学期刊中能找到的还要多。风景画家和地质学家间的一个

① 此处可能是指基督教新教路德宗创始人马丁·路德。——译者注

重大区别在于，后者的目的是解释风景的构造，而不仅仅是像画家那样将风景的外貌呈现出来。而且要达成该目的，地质学家得依靠各种与大陆形成、土壤和岩石构成、气候变化、侵蚀等有关的理论。因此，我们可以先将科学大致定义为“利用理论（有时是以数学形式表示的理论）来解释自然过程和自然系统的做法”。再者，既然我们不希望把心理学、经济学等排除在科学之外，我们的思想就应更开明一些，将“自然”的范畴扩大至包含人类所特有行为的系统和过程。

不过，这一定义仍然过于宽泛，因为解释自然现象并非科学专属范畴。正如第 1 章中所指出的，在科学出现前，人们惯于用神和其他原始力量的行为来解释宇宙的起源和结构，解释瘟疫、洪水等灾难性事件。即便到今日，人们倾向于从宗教角度解释重病为何会痊愈的情况也并不罕见：重病痊愈是自己的祈祷感动了某位强大且仁慈的神明。但同样的事件，医学家给出的解释就不一样了，也许是免疫系统发挥了作用，也许是药物治疗有了效果。面对如此情况，人们可能会发问，对某一自然事件的不同解释，该如何区分科学和非科学呢？

这里的主要问题不在于哪种解释为真，哪种为假。病人痊愈的真正原因可能是祈祷，也可能是药物治疗。这两种解释似乎存在本质差别，而这差别又与我们判断其真假的方式有关。正如哈雷彗星案例所示，证明一种理论正确的重要证据之一就是它能给出正确预测。但在当前的案例中，似乎两种理论都能至少正确地预测出一个相关结果。根据强大且仁慈的神明理论与用量适宜且有效的药物理论都可以预测出病患痊愈这一结果。鉴于这一结果同时支持了两种理论，要在它们之间做取舍就必须将更多的案例纳入考量范围，看看哪种理论的进展更顺利。

先看药物理论。假设我们让患同一疾病的其他几个病人用了同样的药物，但痊愈率不高，这药物的有效性就会备受质疑。当然，这一理论的坚定拥护者，比如制药公司代表可能会说，药物不起作用的原因在于新旧病人间存在某种未被察觉的差异——也许他们患了该疾病的新变体，或者是用药剂量削减了。需要注意的是，这些因素通常是可直接检查出来的。如果事实证明这些病例之间确实没有会导致药物不起作用的差异存在，那么我们就可以推断该药物并非第一位病患痊愈的原因。如果它对第一位患者有效，就没有理由对其他患者无效。这也就给了我们强有力的证据来反对药物理论。

再用相同的方法来看宗教理论。假设其他祈祷的病人未能痊愈，这是否意味着宗教解释被驳倒了呢？该理论的倡导者也许会和药物理论支持者一样，首先质疑新旧病患间存在未被察觉的差异，正是这些差异阻碍了神的干预。对此，在一定程度上，我们也可以像对药物治疗失败患者一样直接调查，再加以确认。我们可以调查他们祈祷的时间是否一样长，祈祷的方式是否一致（尽管他们的虔诚和热忱可能难以衡量），宗教信仰是否相同等。

宗教解释中有一点至关重要，却又是我们无法调查确认的，那就是神明的意图和偏好。该理论假定神明这种存在都是仁慈且强大的，但它并没有假定我们知道神明的所有动机。那些未能痊愈的病人或许存在着某种我们未能发现的差异，未能发现的原因可能是该差异在我们看来并不显著，或者在我们看来并不相关，但它恰恰是患者祈祷对象所在乎的。在医学理论中，某种解释所涉机制都是可以用实验检验和控制的。但在宗教解释中，你没有办法确定哪些因素是相关的，也就无法查明病患未能痊愈的原因。归根究底，我们无法知道神明到底在意什么。富有想象力的支持者也许会将该宗教理论稍加修改，让这一明显不利于它的证据变为有利：之所以只有一位患者痊愈是因为他（她）所祈祷的对象，这位仁慈且强大的神，只会施恩惠于他（她）一人。我们所掌握的所有证据都支持这一修改后的宗教解释！

科学哲学新视野 PHILOSOPHY OF SCIENCE

检验祈祷的力量

2006 年，一群医学家为了解所谓“第三者”祈祷（替别人祈祷）有何医学力量而展开调查，其中包括来自哈佛大学的赫伯特・本森（Herbert Benson）。他们找到了众多准备接受心脏手术的患者，并随机分为 3 组，每组约 600 人。实验中，他们让信奉基督教的志愿者每日为其中 2 组患者祈祷，祈祷他们“快快恢复健康”。第 1 组患者知道有人在替他们祈祷，但第 2 组患者只被告知可能有人会替他们祈祷。第 3 组患者无人替他们祈祷，但也被告知可能有人会替他们祈祷。研究发现，有人祈祷组与无人祈祷组的患者康复速度或康复率没有显著差异。有趣的是，他们发现有人祈祷的 2 组间确有差异，知情一组的康复率稍差一些。该研究报告的作者们推测，出现这一结果是轻微的心理作用：“他们找人帮我祈祷了，我的情况一定很糟！”

杜克大学的哈罗德・凯尼格（Harold Koenig）博士支持宗教理论，他批评该研究不足以证明祈祷无效，因为我们无法预测上帝对这些祈祷会做何反应：“基督教、犹太教经文中的神明都是无法预测的。”换言之，不给出明确预测的理论便是无法驳倒的理论。

说到此处，读者可能会开始怀疑根本不存在能驳倒宗教解释的决定性证据：该理论的倡导者若坚持不懈，总能有办法为失败找到理由，或把它们转变为有利的证据。20 世纪著名哲学家卡尔·波普尔（Karl Popper）说，这就是宗教解释为什么非科学的原因。从科学的角度看，宗教解释的问题并不在于没有对它们有利的证据，而在于没有对它们不利的证据。它们无法被证伪。因此，波普尔提出了以下的“划分标准”，以区分科学和非科学的理论和解释：

波普尔的划分标准：一种理论若能用实验证伪，就是科学的。

当然，波普尔并不是说为了证明某种理论是科学的，就必须证明它实际上是错误的——只是说它必须有被“有风险的”实验预测或检验驳倒的可能。在理想情况下，该理论将通过所有的检验（如哈雷彗星案例一样，给出的预测都是正确的）。若该理论能通过所有的检验，我们便能得出结论，该理论至少在下一次驳倒它的尝试出现前是“确证为真的”。

20 世纪 20 年代的维也纳是知识分子的温床，波普尔便是在那里提出了这一划分标准。当时，爱因斯坦相对论在多个实验中得到证实，让他深感钦佩。无论是狭义相对论还是广义相对论都提出了许多出人意料但可检验真伪的推论。例如，在快速移动的物体上测出的时间是不同的。再例如，光在极大质量物体附近会出现弯曲。这些预测违背了常识和人们的日常经验，是“有风险的”，而且可以用非常精确的数学方式推导得出，因此，这一理论被认为是高度可证伪的。再加上这些预测已经由许多次反复实验确证了真实性，波普尔便把相对论当作了他的理论中真正科学的范例。

不过，并非维也纳咖啡馆里讨论的所有理论都能获得波普尔的这般钦佩，比如弗洛伊德的心理学。除了它们可能带来极其恶劣的社会政治后果外，这些理论最烦扰波普尔的一点便是，它们都声称自己是科学理论。但在他看来，它们是一些“伪科学”，因为他们的支持者不愿意或没有办法详细说明它们在何种情况下可以被证伪。

波普尔意识到，同样的方式也能让受人尊敬的科学理论堕落为无法被证伪的教条。以 19 世纪时流行的一种理论为例：可燃物燃烧时会释放“燃素”（phlogiston）这种物质。根据该理论可以预测，燃烧会使可燃物质量减少。但事实是，有时可燃物燃烧后质量反而会增加。为了避免被证伪，一些燃素理论提出，燃素必然有“负质量”。在波普尔看来，这种事后为挽救理论的强词夺理反而牺牲了该理论的科学诚信。它的捍卫者抛弃了真正科学应有的“批判态度”。波普尔在其早期著作《科学发现的逻辑》（*The Logic of Scientific Discovery*）中强调了这一点：“教条式坚守某一理论的人或许认为，只要这一理论没有被彻底推翻，他们就有责任维护这一成功的体系免受批评，而他们采取的正是完全背离批判态度的做法。在我看来，批判态度才是科学家应有的正确态度。”不过，正如后文中将提到的，预测的失败并不一定能推翻整个理论。

有些理论不会堕落为教条，但它们生来便无法检验真伪，比如弗洛伊德的理论。在波普尔看来，这一理论自诞生之初便无法证伪：某一心理现象或行为现象若能为弗洛伊德理论所解释，那么与其相反的现象也能轻易用弗洛伊德理论去解释。假设有这样一个虚假新闻，一男子企图淹死一名陌生幼童。对此，弗洛伊德理论的支持者可能会推测该男子的此行为是他的俄狄浦斯情结[①]遭“压抑”所致。待我们揭开真相：此人其实是冒着生命危险在救那个溺水的孩子。此时，该支持者会说，此人已经实现了性欲的“升华”。需要强调的是，波普尔的目的并不是证明弗洛伊德心理学是假的或无用的。他甚至不否认有许多人真的能从心理治疗中获益，就像瑜伽、按摩也能让人获益一样。有些不可证伪的东西也可能是真的、是有用的，只是未能满足成为科学的条件。当然，这些东西也可能是假的，或有欺骗性的，问题是，实证检验无法判定其真假。

反对证伪主义的理由

波普尔的划分标准为判定某一理论是否属于科学提供了明确且简单的条件：必须存在被实证检验完全驳倒的可能性。根据这一理念，科学家们将主要忙于自己支持的理论的证伪。此举符合科学的主要形象，也符合许多科学家的自我形象，即带有高度批判性且公正无私。波普尔的这一观点无疑深受实践派科学家的欢迎，但未能有效说服科学哲学家们。他们普遍认为，证伪主义不能充分代表科学，至少其最简化的形式不行。波普尔的学说确实招致了诸多反对，但在我看来，至少他的核心洞见是准确无误的。

① 即恋母情结。——译者注

科学哲学新视野 PHILOSOPHY OF SCIENCE

占星术是伪科学的更多证据

你是否听过这样的天气预报："局部到大部地区多云，可能有雨。最高温度为华氏 75 至 85 度左右。"时值 6 月，我所在的美国中西部，这样的预报是很难出错的。波普尔最喜欢攻击的目标之一是占星术。这一古老艺术流传至今，也有一些现代版本，会对人类活动过程进行预测，以便给它披上了一件科学的外衣。然而，它提出的预测都非常模糊，模糊到断然不会出错，这也令其无法被证伪。下面我将详细说明。巧合的是，我写这段文字时正是我的生日（6 月 10 日）。占星术预测的依据之一就是人出生时天上行星的位置，因此，在你所属"星座"的整个月里，能让预测最准确的自然是生日当天的星象。为了检验，我登录了一个占星网站，"如果今天是你的生日"，它会给出你未来一年的运势预测。下面是我的运势：

"未来一年，你应重视人际关系、精神追求、社交和创造性表达。你实现自我价值的途径主要是社交，你有机会改善自己的社会关系，不过，你的叛逆倾向也可能让你不时陷入困境！积极的态度和进取的精神将给你带来机会。尽量避免做出情绪化的决定。"

何需等一年，我现在就知道这个预测是准确的！预测出错的唯一可能就是我隐居遁世，不再思考，不再创造性地表达我自己。好消息是，我在社交方面有成功的"可能"（尽管我也可能陷入困境）。请注意，即使是最后那句明智的建议也很平庸，不可能出现太大的错误。

下面，我们来批评波普尔。首先，至少“科学的目的是证伪”这一概念就很古怪了。似乎在波普尔看来，我们应该把诺贝尔奖颁给那些用苛刻实验告诉我们世界不是某个样子的科学家们。对此，波普尔的支持者们会说，科学的目的不是证伪，而是成功避免被证伪，即得到“确证”。不过，若拥有最为确凿证据支持的理论，我们都没有理由相信其真实性，那确证的价值又在何处呢？其实，波普尔派的观点是，最好的理论往往是最可能出错的，因为它们会给出非常具体的预测，就像天气预报一样，越是具体，就越可能出错。的确，波普尔努力构建的观点是，科学将有越来越真实或“拟真”的倾向。他试图证明，证伪可增加科学的真实性，毕竟可证伪性和真实性就是理论提出的两大功能。不过，他对真实性的说明却面临着难以克服的技术难题。与其他许多人一样，波普尔也将科学与自然选择作了类比。但目前尚不清楚为什么在科学的“生存斗争”中占上风的理论会有更接近客观事实的倾向。正如下面我们将看到的，波普尔并不确定达尔文的“适者生存”原则本身是否有可检验性。（我将在第 4 章继续讨论科学与进化之间可能成立的类比。）

其次，波普尔学说除具有上述哲学缺陷之外，科学史学家们也很快指出，科学的运作方式根本不是波普尔所设想的那样。最重要的是，科学家不会仅仅因为部分内容有误就推翻重要的理论。为伽利略所赞同的哥白尼太阳系模型虽与托勒密模型相比有诸多优点，但却远非完美。它似乎暗示着，因为地球绕太阳旋转，所以地球上的物体会受到一股向外的离心力作用，就像小孩在旋转木马上感受到的力一样。伽利略的理论也并非完美，他认同的天体运行轨道为正圆形，而非开普勒提出的椭圆形，恰恰后者更为准确。这些缺陷注定了他们的理论会给出一些错误的预测，但这些预测绝对无法推翻整个哥白尼体系。

再举一个当代的例子：非常成功的宇宙大爆炸模型。这一理论正确预测了星系相互远离的已知速率、宇宙中绝大多数自然元素的存在和分布，以及反映大爆炸存在的“宇宙背景辐射”。它也与广义相对论这一最佳的引力和空间理论完美吻合。但它亦有困境。它似乎暗示，现有星系的直径应远大于我们现在的观测结果。换言之，各星系内部已知物质似乎都无法解释，为何在不断膨胀的宇宙中，这些星系还会“聚在一起”。宇宙学家们并没有因这一异常而放弃大爆炸模型。相反，他们开始推测有一种未被探测到的“暗物质”存在，它的引力像胶水一样让这些星系聚集在一起。

无论是上述案例，还是在数之不尽的其他案例中，科学家们都没有因观测到异常现象而放弃自己的理论，若这样做，无异于“将洗澡水和婴儿一同倒掉”[①]。理论就如同漂浮在异常之海上的扁舟，这也被公认为科学实践的现状，如此一来，证伪主义反似为伪。当然，波普尔可能会说，他关心的是科学在理想情况下该如何发展，而非在某些实际情况下的发展方式。他可能还会说，伽利略早应修正哥白尼体系中那些有问题的地方，宇宙学家也应积极寻找能替代大爆炸模型的理论，而非用“暗物质”一类的概念来弥补它的不足。

这一建议其实存在两大难题。第一个难题是，解释力能与大爆炸模型相当的替代理论并不是那么容易找到的。在找到替代选项前就将

① 指将精华和糟粕一同倒掉。——译者注

原本成功的理论抛弃是没有道理的，这就像去买电脑，自己只买得起这一台，却因为它无法运行自己喜欢的所有程序就将之放弃一样。托马斯·库恩（Thomas Kuhn）是波普尔科学观批评者中颇有影响力的一位，也是第 3 章将讨论的“范式转换”（paradigm shift）概念的提出者，正如他所言：“拒绝一种范式，但又无法立即提出它的替代范式，无异于拒绝科学本身。会因此受到不利影响的不是这种范式，而是拒绝它的那个人。”库恩说，实证检验范式时一发现异常就将之抛弃，这样的科学家就如同谚语中手艺不精却怪工具的木匠。

严格证伪主义带来的第二个难题是，有些存在缺陷的现有理论，即便短期看来需要修正，但若长期坚持下去，事实或许能证明它的卓越。举个例子，在牛顿的《原理》出版后的数年中，天文学家都未能将天王星的轨道与牛顿定律预言的路径相匹配。是定律本身有误吗？最终，天文学家推测，路径偏离的原因是有一颗尚未观测到的行星或卫星的引力影响了天王星。天文学家再次利用牛顿定律，预测了该天体可能的大小和轨道，以及可能出现的方向。终于，这个“罪魁祸首”找到了，是一颗之前未知的行星——海王星。波普尔指出，在该案例中，海王星的发现最终确证了牛顿理论的正确性，它通过了检验。不过，一般观点认为，我们无法提前预知对某一现象预测不准的原因究竟是理论本身有问题，还是测量过程有问题，抑或仅仅是某个相关因素被忽略了。因此，坚持一项有可能错误的理论是否明智只能在回顾中做评判。这也是另一位波普尔批评者伊姆雷·拉卡托斯（Imre Lakatos）所强调的观点：“无论是逻辑学家给出的不一致证据，还是实证科学家给出的异常判断，都不足以将一项研究计划一下子推翻。‘明智’者是谁，只有事后才能知晓。”

海王星的案例又带出了理想化证伪主义的又一难题，这个难题是逻辑上的而不单单是历史性的。正如波普尔本人所说，科学家要检验一项理论，就得先用该理论提出假设，而这个过程得依靠一系列假设或“辅助条件”来完成。举个例子，19 世纪的天文学家为了预测天王星的运行轨道，就得对其附近天体的位置和质量做出各种假设。精密的测量仪器和复杂的数学方法、数学计算也必不可少。因此，当预测轨道偏离实际轨道时，科学家们就得做出选择，该把问题归咎于何处：是对其他天体的假设，是数学计算，还是该理论本身。

在哲学家皮埃尔·迪昂和 W. V. O. 蒯因（W. V. O. Quine）看来，如何选择是一个“约定俗成的”问题而非逻辑原则问题。当然，这并不是说，将持续的预测失败归咎于测量不准一定是合理的。以伽利略望远镜中观察到的月球山脉为例，教会非要把明显的山脉说成是望远镜上的污点，即便没有逻辑错误，也是不合理的。不过，迪昂和蒯因的论文认为，理论选择不能仅以与已知观测结果一致为正确标准。理论选择要依赖一系列考虑因素交织成的“网”，其中一些因素波普尔自己也强调过的，比如新的成功预测、数学精度、简单性，与其他理论的连贯性以及未来的应用前景。

因此，单一的标准可能无法划分什么是科学、什么是非科学，无法体现出恰当的科学态度。就此而言，“科学”概念可能与“比赛”这样的概念类似：比赛的典型特征有很多，如记分、规则、胜方、败方等，但这些特征中任选一个，则不是所有比赛都必须有，或为比赛所独有的。但这并不意味着我们判断某样事物是否属于比赛或科学时是全凭主观判断的。举个例子，众所周知，比赛必有目标，然而不同项目的比赛间和同种项目比赛的不同场次间可能有很大的目标差异。类似地，如果一个理论完全无法用实证加以检验，那么它属于科学的可能性就微乎其微了。我认为这便是波普尔的核心洞见。不过，虽然我们期望科学对自然系统的解释能兼有实证可检验性、数学精确性和逻辑连贯性，但不同领域的科学所展示的特征构成天然是千差万别的。

智慧设计论

历史上众多“边缘”科学引发的科学地位争议凸显了定义科学之难。这些所谓的“边缘”科学包括炼金术、顺势疗法、颅相学（根据颅骨形状判断人的心理及行为），以及形式多样的超心理学等。最近尤为引人注目的是关于“智慧设计论”的争论，该理论在美国被宣传为是可以替代达尔文自然选择进化论的理论。20世纪90年代和21世纪初，智慧设计运动盛行，智慧设计论也被许多公立学校纳入科学课程之中。2005年时，就连美国总统乔治·W. 布什也参与进来：“两种理论都应妥为教授……这样人们才能理解双方支持者到底在争论什么。”

不过，同年联邦法院就裁定，在公立学校教授智慧设计论课程违反了美国宪法禁止“建立宗教”的规定。大法官[①] 约翰·琼斯三世（John Jones III）在做决定时采信了科学哲学家对科学的定义。他在反对智慧设计论的司法判决书中明确援引了好似波普尔证伪主义的标准：“若将事件发生原因归结为某种无法检验真伪的超自然力，一种无法被驳倒的主张，

① 大法官是美国最高法院法官。——译者注

那就等于下了定论，没有理由继续寻找其自然解释了。”

在讨论琼斯大法官以波普尔观点否决智慧设计论是否正确前，说一个令人啼笑皆非的事实：波普尔最初并不认为进化论是科学。他主要担心“适者生存”这一进化原则太平凡且无法检验。如果这里说的“适者”并非指在斗争中生存下来，并就长远来看繁衍出最多子嗣，那么，它到底是什么意思？而如果适者生存唯一的意思就是幸存者幸存下来，那这一主张又要如何证伪呢？正因为如此，在波普尔看来，进化论与弗洛伊德的理论一样，可以解释一切。若某一物种经过数千代繁衍后进化出了短尾，那么这条短尾势必是它成为“适者”的优势。然而，若进化出长尾，也适用于同一解释！因此，波普尔声称，进化论不是一个可检验的科学理论，而是一个“形而上学的研究计划”。

后来，他发现生物学家可以提出物种在特定环境中除幸存之外更具体的适者标准，便撤回了否认进化论为科学的主张。举个简单的例子，在严寒环境中，若其他条件均相同，就可以预测有温暖皮毛和（或）厚厚脂肪的物种会比其他不具备这些条件的物种更能幸存并繁衍下去。当然，这样的预测真要检验并不容易，毕竟进化是非常缓慢的。不过，生物学家们找到了绕过这一问题的巧妙方法，他们可以观察果蝇等生命周期非常短的物种如何进化，也可以通过化石观察物种的长期进化。

再回过头来讨论智慧设计论，首先应注意的是，它的支持者，如理海大学微生物学家迈克尔·贝赫（Michael Behe），与早期“神创论”运动的《圣经》直译主义保持着距离。贝赫认同地球非常古老，且确有自然选择的进化发生，至少在“微观”或基因层面是如此。但他坚称，在解释物种之间的巨大差异，以及特定生物系统“不可简化的复杂性”时，智慧设计论更为科学。贝赫所说的不可简化的复杂系统是指，任意组件异常都会导致其功能失灵的系统。他将细菌鞭毛、纤毛等各种微生物结构和眼睛比作捕鼠器：任何组件缺失都捕不到老鼠。据称，不可简化的复杂生物系统的存在是经典进化理论难以解释的一个问题。仅拥有这些系统的部分组件是没有优势的，因此，这些系统是不可能逐步进化而成的：眼睛自然是非常有用的，但只有晶状体、视网膜或角膜就没有任何用处了。这个论证实际就是自然神学“目的论论证”的生物化学版本，已由进化论维护者仔细辩驳过了。比如说，他们坚称贝赫所提出的那些系统并不具有不可简化的复杂性，贝赫所使用的生物系统“组件”概念过于简化，以及一开始因某一优势而获得选择的特征后来也可以服务于其他功能。

智慧设计论的批评者称，该理论是建立在“假两难推理”的谬论之上的，即便经典进化论无法解释不可简化的复杂系统，也不代表这些系统就是被设计而成的，除了这两种解释之外，可能还有别的解释存在。公平地说，我们不可能要求所有支持智慧设计论的证据都是对系统复杂性唯一可能的解释：任何科学理论都无法满足这样的需求。不过，在复杂性问题上，智慧设计论必须至少给出一个可替代进化论且优于进化论的解释，才可能得到认真对待。可惜的是，智慧设计论支持者更多地是在攻击进化论的所谓薄弱之处，而非详细解释自己所支持的理论。贝赫在其著作《达尔文的黑匣子》（*Darwin's Black Box*）临近结尾时特意为自己辩护：“无须知道设计者是谁，也能得出某物是设计品的结论。”当然，如他所言，同样的证据，人们可以得出千奇百怪的结论。但问题是，存在智慧设计者的假说是否能得到证据本身的支持呢？我们发现，如果不了解设计师，就很难回答这个问题。

我们该如何检验“复杂生物系统是由智慧主体设计而成的”这一理论呢？通常检验理论的方式是，根据该理论预测过去出现过或未来将出现的现象，或者预测实验结果，然后检查预测与实际结果是否一致。但我们并不知道检验智慧设计者假说时应观察什么自然现象或实验结果，因为我们压根不知道这个主体有什么意图或技能。它也许会创造眼睛和鞭毛，也许会根据自己的独特喜好创造出别的什么东西。根据贝赫提供的所有关于该智慧主体的信息，我们不可能得出鞭毛在其眼中是否具有重要价值的判断，若说它蔑视这样的系统也是很有可能的。如果没有更详尽的细节，那么根据存在该主体的假说，我们也只能认为，生物系统之所以存在是因为该主体想要创造它们，生物系统之所以复杂是因为该主体偏好复杂。这样的假说没有办法真正检验，因为无论我们观察到什么，都能与该假说完全一致。

不过，我们或许可以作出更多关于智慧设计者意图和技能的猜测，从而作出更具体的预测。我们也许应预测智慧设计者创造生物结构时是遵循有利于该生物本身的原则，正如我们预测自然选择会让生物逐步进化出具有适应性的特征一样。举个例子，某些栖居于浑浊水域的鱼类，它们的眼睛拥有适合在此类水域视物的构造。问题是，这种设计偏又不利于该水域中小型鱼类的生存，它们会更容易被发现并被捕食。正如英国诗人阿尔弗雷德·丁尼生（Alfred Tennyson）所说，大自然是如此“腥牙血爪”，很难想象它是出自仁慈设计者之手。

此外，假设设计者的意图是进一步满足被设计者的生存需求，那么大自然中似乎充斥着明显糟糕的设计。对于绝大多数昆虫、鱼类和鸟类来说，早死是常态，生存才是罕见的例外，繁殖则更不用说了。即使对人类来说，事实也是悲伤的：日常生活要为食物和住所而奔波，还一直处在疾病和暴力的威胁下。面对这些明显愚蠢或带有恶意的设计，智慧设计论支持者可能会援引我们熟悉的告诫之语：“智慧设计者的意图是超出我们理解能力的。”但这样一来，又会回到“一切复杂系统都是设计而成”这一不可检验的观点。

科学哲学新视野 PHILOSOPHY OF SCIENCE

飞天意面神教

尽管迈克尔·贝赫认为现代分子生物学是智慧设计论的关键，但从生物复杂性推论到智慧设计者是非常老式的“自然神学”的主要内容。在该领域经典著作《自然神学；或关于神的存在和属性的证据》（*Natural Theology; or, Evidences of the Existence and Attributes of the Deity*）中，威廉·佩利（William Paley）主张，人类的眼睛和海岸上发现的“滴答”作响的手表一样，都表明了有设计者的存在。

上文提出的反对意见也非常老式——智慧设计者假说缺乏足够的细节以检验。在《自然宗教对话录》（*Dialogues Concerning Natural Religion*）中，休谟指出，支撑智慧设计论的证据介于西方传统上帝假说和“婆罗门”观点之间，后者认为世界是“从一只巨大无穷的蜘蛛而来，蜘蛛腹中吐出的丝结成了这个复杂的庞然大物，接着又将它整个或部分毁灭吸收，将其分解成为它自己的精华”。

当代智慧设计论反对者采用了同样具有讽刺意味的策略，他们为受欢迎的智慧设计者假说找到了奇异的替代理论，他们提出，生物复杂性也是支持“飞天意面神教”（flying spaghetti monster）[①] 的证据，并游说美国学校教授这一理论。

弦理论

科学领域内经常爆发关于科学本质的哲学争论，尤其是在长久被认可的理论遭到攻击时，以及出现激进的替代理论时，这一点并不令人感到意外。正如我在第 1 章中提到的，伽利略的保守派批评者认为，推测天文现象的“真正原因”并不是科学界该干的事，科学家只要“解释表象”就够了。爱因斯坦明确反对早期的量子论，认为该理论虽然通过了实证检验，但其定律具有统计学性质，“并不完善”。这也是其名言“上帝不会掷骰子”的来源。正如托马斯·库恩所说，在这些“危机”时期，科学家常会求助于哲学分析：“无论是 17 世纪的牛顿物理

① 讽刺型宗教，认为创世主是一个飞行的意大利面怪物。——译者注

学，还是20世纪的相对论和量子力学，它们提出前、提出时都使用了基础哲学分析，这一点并非偶然。”近来，这一情况在现代粒子物理学尖端领域再次出现，争议焦点为理论的可检验性。

量子论和相对论是20世纪物理学最伟大的两大理论，二者都对牛顿物理学或者说“经典”物理学进行了大量修正。在量子力学中，像动量和位置这样的参数并不是独立于测量的确定量，分离但“纠缠”的系统似乎在远处发挥着一种神秘的非引力作用。在相对论中，时间和空间不是像牛顿认为的那样是绝对量，而是由运动和质量决定的变量。尽管有许多匪夷所思之处，两种理论还是在各自领域取得了巨大成功。量子论适用于原子和亚原子粒子的“小尺度”行为，成功解释了许多原子现象、电磁现象，甚至化学现象。相对论，尤其是适用于空间和引力的“广义”相对论，在研究宇宙学以及恒星和黑洞的天体物理学等“大尺度”科学问题方面也取得了毫不逊色的成功。

这里存在的问题是，在它们都适用的领域并没有明显可行的方法能将二者“统一”起来。举个例子，科学家将构成原子、分子及其他所有一切物质的粒子称为基本粒子，而根据基本粒子“标准”模型，众多极微小粒子（夸克、轻子、电子等）是受4种基本力控制：强核力、弱核力、电磁力和引力。解释这些力的惯用方法是量子力学，现阶段在解释前3种力方面已取得一定进展。但事实证明，要找到一个恰当的“量子引力”理论则要困难得多。

量子论的基本原理是假定波可以用粒子来描述，粒子也可以用波来描述。因此相对论预言的引力波势必有与它关联的“引力子”存在。

有人也许会试图用波长、频率这些典型特征去解释引力子之间，以及引力子与电子和其他粒子间的行为和相互作用。不过，弦理论将所有这些过程都简化成了一维弦的“振动”。弦会在基本力作用下弯曲和振动，会在基本粒子的相互作用和融合中相互结合或分离。比如，弦在引力这种最弱的力的作用下，振幅最小。弦理论家利用“重整化”（renormalization）等各种数学方法找到了具有一致性的方法，可以在标准模型内描述量子引力，也可以用弦来描述基本粒子和基本力。

如何统一量子论和相对论是上世纪困扰理论物理学多年的问题，弦理论为解决这一问题提供了一种有数学说服力和一致性的方法。即便如此，该理论还是面临诸多困境。其中之一是，我们所观察到的空间是三维的，但这个理论预言的维度似乎远多于此，可能是十一维，甚至是二十六维。而对这种特殊性我们或许应在保留怀疑态度的同时先行接受。毕竟，量子论和相对论已经大规模颠覆了我们对时间和空间的常识性认知。它们的统一会带来更多违反常理的结果又有什么可意外的呢？正如物理学史所示，常识常常会被科学创新所取代。

此外，弦理论可以用众多不同维度来表示，具体选择哪一种维度并没有明确的指导方法。即便我们将自己局限在“最简单的”空间，即九维空间（加一维时间），也有数百种逻辑不同但内在一致的方式将基本力和基本粒子描述为弦。这些不仅仅是数学表现形式上的差异：不同理论假定的基础物理现实千差万别。这是科学中非常常见且可能出现的情况。以前面提过的托勒密模型和哥白尼模型为例，它们也可以用不同方式解释同样的表象，第谷提出的二者“杂交”模型就更是如此了。

此处与天文学模型案例不同的是，你很难构思出一个“关键性实验”。严格地说，是难以构思出任何实验，帮你抉择众多弦理论模型中哪种更好。事实上，无论在数学上有多精妙、多统一，弦理论似乎都没有可供实证检验的结果。主要问题在于，所假定的其他维度必须短到以量子论中的“普朗克长度”（Planck length）为单位，引力才会表现出“量子化”。但是，正如哈佛大学弦理论家丽莎·兰道尔（Lisa Randall）[①] 最近承认的那样，探测这种长度级粒子所需能量是“现有粒子加速器所能达到能级的万万亿倍”。

正因为如此，弦理论才会在理论物理学界引发巨大争议，争议的焦点是该理论的可检验性。 例如，诺贝尔奖得主、粒子物理学家谢尔顿·格拉肖（Sheldon Glashow）最近评论道：

> 弦理论家的理论看似一致、精妙、复杂，但我并不理解。它提出的引力量子论看似一致，但无法给出任何预测。也就是说，没有任何实验或观察结果可以证明“你们这些家伙错了”。这个理论是安全的，永远无法驳倒。我问你，它到底是物理学理论还是哲学理论?

对此，弦理论的支持者回应称，该理论虽有弱点，但就目前而言，它给出的量子引力解释是唯一的、最不济也是最好的解释。但问题的症结并不在于弦理论是否是现有的最佳科学解释，而是它究竟是不是科学的解释。正如杰出的弦理论家爱德华·威腾（Edward Witten）所说

① 丽莎·兰道尔的著作“宇宙三部曲”（《弯曲的旅行》《暗物质与恐龙》《叩响天堂之门》）中文简体字版已由湛庐文化策划，浙江人民出版社出版。——编者注

的，弦理论确实预测并解释了引力这种基本力，毕竟这是发明该理论的初衷。不过，某一理论可预测某一特定现象的单一事实并不足以证明该理论具有可检验性。正如之前提到的，智慧设计论可以预测复杂现象的存在，我的星座预测我明年会“有机会改善自己的社会关系”。但这些预测不会出错，这正是格拉肖反对弦理论的论点之所在。这么多版本的弦理论目前预测的只有粒子物理学标准模型业已给出的结果而已。同样地，智慧设计论预测了眼睛、鞭毛等的复杂性，但是“婆罗门的蜘蛛”理论、“飞天意面神教”理论等也可以作出同样的预测。

最后一点，像弦理论这种数学物理学的尖端领域是否可以与智慧设计论这种主流科学替代理论相区分呢？我认为答案很明显，可以。第一，尽管目前还无法对弦理论和智慧设计论进行检验，但弦理论支持者提供了多种证明它可以检验且可以证伪的论据。举个例子，他们指出，弦理论预言已知粒子有“超对称”粒子存在。这些超对称粒子的质量可能非常大，因此探测它们所需能量远大于现有粒子加速器可达到的能级。不过，法国、瑞士边境新建的大型强子对撞机（Large Hadron Collider，LHC）有望很快发现它们。这种科学的确认（或证伪）晚于理论进步和技术进步的情况也并非首次：爱因斯坦的广义相对论和哥白尼的日心模型就是例证。永久膨胀与终将收缩这两种预言宇宙长期命运的模型现在还难分优劣、难以检验，量子力学提出的“多世界”（many-worlds）诠释[①] 等也是如此。

不过，与智慧设计论不同的是，这些超出常识的理论详细描绘了可能出现的物理状况，使用的是与常见物理概念相关的术语，很可能

① 该理论认为存在多个平行世界。——译者注

明确指出何种观察结果和数据与它们相关。举个例子，人们长期认可的一个事实是，探测星系间引力红移可获得宇宙膨胀率相关信息，这也与两种宇宙最终命运预测模型直接相关。但对该事实的观察确认是近些年有了哈勃空间望远镜等设备后才成为可能。不过，我们无法想象何种强大技术观察到的何种结果可以确认或驳倒智慧设计者的存在。认为有这种生物存在的主张本身并没有提供任何相关的物理过程，无论是容易探测还是不容易探测的。

第二，尽管弦理论反对者发动了一连串激烈的攻击，但所有人都认同，这个问题的最终解决一定要采用标准实验手段，比如说下一代高能对撞机得出的数据。罗格斯大学的迈克尔·休斯（Michael Hughes）等弦理论家提出了与格拉肖上述评论相反的观点，他们认为有众多具有技术可行性的实验可证伪该理论。相比之下，智慧设计论的支持者就不那么热衷于说明未来的何种数据或实验可以反驳或修正其理论了。总而言之，智慧设计论缺乏“批判态度”，这正是波普尔认为的科学核心态度。

第三，即便我们永远无法找到决定性的弦理论检验方式，但作为其基石的那些理论都是可检验且已通过检验的。但就目前有关智慧设计论的相关阐述，该假说似乎来自特定的宗教传统，并且是以人们对强大智慧生物价值观和意图的拟人化直觉为基础的。这些传统和直觉在史学和哲学方面是有价值的研究课题，甚至在某种程度上是有根据的，但它们并不适用于实证检验。

在区分科学与其他人类探究形式时会涉及大量哲学问题，后续章节将探讨其中的一部分。不过，通过本章，我们业已看到，实证可检验性是科学的一个基本先决条件。这并不是说实证检验是唯一重要的条件，也不是说它们在任何情况下都是明确的。后来的事实常常证明，坚持一个未能通过重要检验的理论，或者坚持目前尚无可行检验方法的理论是有重大意义的。不过，某种理论若无法提供与客观世界有关的确切信息，或者只说明这个客观世界是我们观察到什么就是什么（二者其实同一回事），那它就不是科学的。要求具有实证可检验性反映的是一种理想状态：科学的最终仲裁者不是信仰、效用或逻辑，甚至不是真理，而是这个客观世界本身。

要点总结

1. 波普尔认为，一种理论若能用实验证伪，就是科学的。这一观点无疑深受实践派科学家的欢迎，但未能有效说服科学哲学家们。

2. 单一的标准可能无法区分什么是科学、什么不是科学。虽然我们期望科学对自然系统的解释能兼有实证可检验性、数学精确性和逻辑连贯性，但不同领域的科学所展示的特征构成天然是千差万别的。

3. 智慧设计论的主要弱点是——它无法提出可供检验的预测。智慧设计论支持者主要是攻击进化论的薄弱之处，而非详细解释自己的理论。

4. 弦理论是为了统一相对论和量子论而提出的，却因为缺乏可检验性在科学界引发了巨大争议。

A BEGINNER'S GUIDE

第3章

科学方法

天文学家和诗人研究自然的方式有何不同？演绎主义和归纳主义是怎么随着历史的发展而发展的？“范式”是什么意思？

前一章告诉我们，研究方法比研究主题更能体现科学有别于其他领域之处。风景画家与诗人对自然界这一主题的热衷程度并不亚于植物学家和天文学家；但后者研究自然是用可实证检验的理论和解释，画家和诗人则是依赖于透视、印象和隐喻。这种方法上的差异也许足以说明科学与非科学之间的基本界限。

现在是给科学方法一个更明确的定义的时候了。科学知识的基础是可检验的理论，那么对任何理论来说，判断它是否通过检验的标准究竟是什么呢？何种检验结果才能判定该理论绝对为真或绝对为假呢？在不确定某理论真假时，是否可以根据已有的检验结果判断该理论至少有很大可能性为真？这些待检验的理论又是从何而来的？首先，我先介绍两种解决此类方法性问题的主流传统方式，它们将对我们解决上述问题有所帮助：演绎主义（deductivism）和归纳主义（inductivism）。

演绎主义对归纳主义

就最普遍的意义而言，无论是科学推理还是其他领域的推理都必然有这一步：就某一主题的相关信息得出相关结论。无相关信息得出的结论只能算猜测。如果信息非常支持结论就是好的推理，如果不太支持或压根不支持就是糟糕的推理。需要强调的是，推理的质量取决于信息与结论之间的联系，而非信息或结论各自的真假。因此，正确的推理也可能得出错误的结论，反之亦然。假设某人根据天然气消耗量增长预测其价格会持续上涨，恰恰没过多久新的大型油田发现了，天然气价格下跌了，这种意外情况并不能证明他的推理不合理，只是他不走运而已。

演绎和归纳都可能是很好的推理形式，逻辑学家界定了它们的根本区别。好的演绎推理是：所依赖的信息为真，推理出的结论必为真。举个例子：

前提 1：所有企鹅都是鸟类。

前提 2：所有鸟类都是动物。

结论：因此，所有企鹅都是动物。

因前二者为真，结论也必然为真。这样的演绎推理就会被认为是有效的。

正确的归纳推理并不能保证基于已知前提得出的结论一定为真，只能证明它很可能为真。举个例子：

前提 1：现已观察到的数百种企鹅都擅长游泳。

结论：因此，所有种类企鹅都擅长游泳。

假设前提 1 为真，那么结论就很可能为真，而非绝对为真。也许在某些遥远地区有尚未被人类发现的企鹅种类，它们是不会游泳的。归纳推理与演绎推理不同，是放大性的，也就是说，结论的范围会“超过”前提所给的范围。在上述推理中，结论覆盖的是所有企鹅，包括了将来可能发现的新品种，但前提只涵盖了迄今为止已观察到的品种。正是因为归纳推理是放大性的，因此出错风险大于演绎推理。如果归纳推理所依赖的事实确实非常支持结论，那么它的出错风险就小，这样的归纳推理就会被认为是可靠的推理。

演绎推理是数学、纯粹逻辑学等领域的常用方法：在欧几里得几何学中，若要证明三角形对角相等则相应对边亦相等的命题为真，必然是根据确定的欧几里得公理进行推导，而不是猜测它可能成立。归纳推理则是民意调查等领域的常用方法：以目标人群中的一部分作为样本代表整体，由此推断整体的某个特征，这样的推理有一定可靠性，但并非绝对正确。说到此处，我们立马就会想到一个问题，科学推理的形式，即科学方法，通常以演绎法为主还是以归纳法为主呢？

在探讨这一问题前，我需要说明一点，这两种方法之间的分歧与它们在知识起源或知识基础问题上的分歧有关。演绎主义者更看重信息之间的纯逻辑关系，因此历来倾向于支持理性主义[①]的科学推理。理性主义

① 亦称“唯理论”。——译者注

认为绝大多数知识或者全部的知识都是纯粹依靠理性或智力的。而绝大多数归纳主义者则更重视从现有经验中归纳出结论，即便该结论可能有误，因此他们在某种程度上更支持经验主义。经验主义认为绝大多数知识或者说全部的知识都是以经验或观察为基础的，而非纯粹依靠理性。不过，如今科学界的纯粹理性主义者已经非常罕见了，许多演绎主义者在知识来源问题上欣然接受了某种形式的经验主义，近来尤其如此：波普尔及其追随者就是很好的例证。然而，几乎所有的归纳主义者都是经验主义者，而非理性主义者。

如今，许多关于科学方法的争论源自科学革命时期，当时的哲学家试图制定明确规则来指导新科学的发展。演绎主义者与归纳主义者在方法问题上的观点相互对立，这一时期的两位巨匠就是例证：笛卡儿和牛顿。笛卡儿最早研究的领域是几何学，在解析几何方面发明了著名的“笛卡儿坐标系”，后来，他将自己在数学上的演绎主义倾向带入了对哲学和科学的研究。因不满从所受教育中、从自己感官经验中获得的不确定观点，他开始用怀疑论方法修正这些观点。比如，“我如何确定自己现在所感觉到的不是幻觉、不是恶魔编织的骗局呢？”这些天马行空的假设、看似疯狂的方法，其目的是找到确凿无疑的根基，以重塑科学。

最终，笛卡儿发现只有“我存在”这件事是无论在做梦还是在恶魔控制下都一定为真的，这就是著名的“我思故我在”。笛卡儿试图根据这一真理，还有某些号称不证自明的事实（与上帝和因果性有关的概念），演绎推理出物理学、天文学、光学甚至是生物学和医学领域的一切真理。他在自己主要的著作《哲学原理》序言中夸口道：“迄今为止，还没有人发现这些原理，有了这些原理，我们就可以演绎推理出这世上一切待发现事物的知识。”在该书中，他宣称自己的一切论证是“确凿无疑的，即便有的看似与我们的经验相悖，我们也应该相信自己的理性多过感官”。因此，对笛卡儿来说，演绎推理是首选的科学方法，因为其结论的确定性是高于根据经验归纳推理所得出的结论的。

艾萨克·牛顿是比笛卡儿更伟大的数学家，但他认为经验在科学中发挥着比纯粹理性更重要的作用。对超前于可观察现象提出的理论概念或“假说”，他确实非常怀疑。他在《原理》中保证“不会杜撰任何假说”的原因是：“无论是物理假说、神秘力量假说还是机械假说，它们在实验哲学中都是毫无地位的。在实验哲学中，我们根据现象演绎推理出观点，然后通过归纳推理让该观点具有一般性。”“演绎推理”的唯一作用就是描述特定的现象，而该描述需要“通过归纳推理”而“具有一般性”。

以各种近地物体为例，我可以通过仔细测量演绎推理出它们各自的下落速度。随后，我先归纳概括了适用于所有下落物体的定律，也就是伽利略定律，并最终归纳概括出适用于一切相互吸引物体的定律，也就是万有引力定律。牛顿承认用有限的观察结果概括出普遍定律具有不确定性和风险。但他认为，如果我们希望将科学建立在可靠的实验证据而非形而上学的假说之上，这就是我们可以用到的最好方法：“在实验哲学中，从现象归纳所得的观点应被视为绝对正确或非常接近正确的观点。”

其实，笛卡儿和牛顿有一个共同点，他们在各自的科学研究工作中都没有严格遵守自己对外宣称的方法论。笛卡儿在对力学、光学和生理学进行广泛调研时做了大量实验。他深思熟虑后的立场似乎是，科学研究应首先从形而上学原则开始，但需要通过实验观察来调整，特别是在研究非常细微、具体的现象时："我们的知识越进步，观察结果就变得越必要。"同样地，牛顿发誓抛弃一切超越经验的假说，但他的许多科学研究也有假设的成分存在。万有"引力"本身就是假想的力，这种神秘的力量居然可以在遥远的距离之外发挥作用，这一点让牛顿困惑至极，甚至让他暂时引入了另一假想实体，也就是无处不在的物质"以太"，作为万有引力发挥吸引力的介质。此外，牛顿所用方法中最强大的一个恰恰是基于演绎法的"微积分"，它能够用来表示复杂且不断变化的系统。

尽管科学实践中可能混用演绎推理和归纳推理，但这两种方法确有重大差异。牛顿坚持认为，引力假说以及自然规律最终都是根据特定观察结果归纳所得，而非运用笛卡儿几何式的演绎法所得。他认为这是保证理论科学具备可靠性或牢牢扎根于实验的关键。可惜的是，牛顿并没有详细解释科学理论具体是如何从现象中归纳而得的。因此，我们需要花一点时间考虑两种更具体的归纳法哲学理论，它们从诞生之初到 20 世纪对科学产生了巨大的影响。

首位伟大的归纳主义科学哲学家是弗朗西斯·培根。培根与莎士比亚生活在同一时代，是伊丽莎白一世时代的贵族，他致力于将诞生于 16 世纪的新兴科学系统化。对培根来说，科学不仅能提供亚里士多德所说的知识的喜悦，以及自然神学家所珍视的上帝智慧存在的证据，也能提供让自然力量为我们所用的可能性："人类知识与人类力量是为一体；若不知其因，则无从得其果。"为了获得这种知识和力量就需要系统化、渐进式地开展科学研究。因此，我们首先应摈弃可能转移和误导我们思想的“幻象”（idols）。例如，因人性中固有的偏见而产生的“种族幻象”（idols of the tribe），它会让我们以人类的标准来评估万事万物；因对权威的盲从而产生的“剧场幻象”（idols of the theatre），它会让我们过分信任那些有名的教师和哲学家，例如亚里士多德。在培根看来，科学中唯一真正的权威是无偏见的直接观察结果。

培根在其著作《新工具》（*The Novum Organon*）中要求人们减少对传统的亚里士多德三段论的依赖，也就是减少对演绎逻辑形式的依赖，并增加对归纳法的利用。对于这种依赖，他曾抱怨称“逻辑学家似乎不怎么认真思考”。此外，他提出要用“解释工具”取代“预知工具”。他认为“预知工具”是“直接从最表象的感官经验和特殊事例推出最普遍的公理”，而自己的“解释工具”更为谨慎、更为深思熟虑，是“从感官经验和特殊事例层层深入，一点点推出适用范围更广的公理，最终才得出最普遍的公理”。

他详细描述了这一归纳推理过程，首先是记录第一手经验，然后按定性和定量标准对这些经验进行组织，并制成表格。从这些表格中就可以抽象出更具一般性的“公理”。在此过程中，如果遇到观察结果前后矛盾，便要多做一些实验。最终，研究者从这些中级公理得出最普遍的公理，也就是自然规律。因此，你可以首先测量并记录各种物体在各种介质中、在不同高度下的下落速度。根据这些数据可能得出一个“公理”：物体的下落速度与它的表面积成反比，与下落介质的密度也成反比。这些公理可能引出新的实验，也就是不同质量但表面积相近的物体在相同介质中的下落实验，并通过这些实验最终发现，在真空环境中，所有物体的下落位移是与它下落时间的平方成正比的。这就是伽利略定律。

培根很乐观，他认为只要认真运用他的归纳机器，科学就可在“几年”内实现所有目的，对此我们应该持怀疑态度。首先，盲目解释表象事实似乎不太可能得出任何有趣的结论。再以落体实验为例。我描述这个过程时，并未记录下所有的事实，比如，我没有考虑下落物体的颜色和已使用的年限，也没有考虑释放该物体者的种族和性别。我们忽略这些事实的原因大概是，我们是携带着特定的问题（自由落体的速度）和许多隐性假设在收集信息，隐性假设考虑的是哪些要素与该问题的解决方法有关、哪些无关，下落物体的形状很可能有关，颜色则无关。很难想象毫无目标的事实收集除汇集一大堆无关的琐碎细节之外，还能带来些什么呢！

其次，即便我们能够将无穷无尽的可见事实尽数收集并组织起来，并从中得出最普遍的定律或规律，这也无法满足我们对科学的所有需求。以医学领域为例，将带状疱疹和水痘的相关数据收集组织起来后，我们可能会发现这样一个规律：患有带状疱疹的人过去一定出过水痘，但水痘很少有直接导致带状疱疹的。如果一家中的兄弟姐妹都出过水痘，但只有一人感染了带状疱疹，则该患者很可能会向医生寻求科学的解释。这个解释会非常复杂，涉及遗传学知识，还需要免疫系统和神经系统方面的详细解释。但是严格意义上的培根归纳法并不包含这些，因为培根只关心事实的组织，并不关心这些事实背后隐藏的原因或解释。

最后，培根曾提到，即便在他的归纳法中加入理论解释，这些解释也并非直接来源于对所汇总事实的直接“阐释”。比如说上述两种我们都很熟悉的疾病，要解释它们之间的部分关联可以有无数种方式，正如有限的数据点可以“拟合”出无数条不同的曲线一样。当然，实验可能会有助于区分看似都合理的解释，但也只能发生在这些解释提出之后。关键在于，事实本身，无论如何明智且审慎地组织，都不会自行产生解释。（顺便提一下，培根自己就是一名狂热的实验者，据说令他去世的风寒就是他在做制冷实验，将雪塞进鸡身体内时染上的。）

随着现代科学的进步，科学方法的归纳理论也有了显著改进，其功臣主要有 19 世纪的威廉·休厄尔（William Whewell）、威廉·赫歇尔（William Herschel）和约翰·穆勒。这里我简要探讨一下穆勒提出的归纳法规则，这些规则因其权威性和明晰度成了后续所有归纳体系的检验标准。穆勒是英国博学家，他最著名的研究成果可能要数功利主义的道德哲学和自由主义的政治理论。不过，他还著有两卷《逻辑体系》（*System of Logic*），书中系统阐述了归纳法，对科学哲学产生了极其重大的影响。穆勒写作此书的目的为归纳推理提供统一的基础，就像演绎推理的基础是几何学一样：“归纳推理只是从业已获得承认的主张中推出新的主张，在这层意义上说，归纳法的推理过程与几何学的证明过程差不多。”在对传统三段论逻辑、语言本质和经典谬论进行分析后，穆勒确定了 4 种“实验探究方法”：

- 契合法
- 差异法
- 共变法
- 剩余法

我们将通过讨论前两种方法了解穆勒归纳法的主要优点（和缺点），后两种方法不讨论，因为它们本质上是前两种方法的扩展。

首先说契合法。假设我的猫最近举止异常，这令我很生气也很担心。它大多数时候讨人喜欢，但有的时候，它会一大早就在房子里徘徊不定、惨叫连连，每次持续的时间很长。作为一名优秀的实验者，我开始记录这些异常情况出现时的外界条件：天气、家务活动、它的早餐、我家另一只猫的行为等。我没有发现这些因素与它异常行为之间有任何关联，最后我意识到，它的这些行为往往出现在每个周三的早晨——垃圾日。找到答案了！我推断，刺激它的罪魁祸首就是垃圾回收车，这车每周三都会经过我所居住的街区，每次经过时都会制造出很大的噪音。在对许多出现同一结果的状况进行观察后，我发现了它们之间的一点共性，并推断该共性就是原因。正如穆勒所说："如果在出现被调查现象的两个或两个以上实例中只找到一个共同点，且该共同点出现在所有的实例中，则该共同点就是被调查现象出现的原因或结果。"

再说说差异法。假设我想知道自己春天种下的 8 株番茄苗为何有 1 株奄奄一息，但另外 7 株生长旺盛。我知道它们都是同一品种，购自同一家园艺商店。我不记得自己照料这番茄苗时与照料其余 7 株有没有差别，只能确定我给它们浇的水、施的肥都是一样的量。不过，我注意到奄奄一息的这株是唯一临近公共道路的 1 株。我邻居每晚都会沿这条路遛狗，他养的是一条比格犬。我推测那条比格犬额外给这株番茄"施肥"，用心观察后我发现事实确实如此，因此推断那条比格犬的尿就是将这株番茄苗推向死亡的原因。因此，只要观察的量足够大，我们就能将观察对象身上有别于其他对象的信息排查出来，找到其某一特征的产生原因。正如穆勒所说："假设有两个案例，一个发生了我们所调查的现象，另一个没有。两个案例间仅有一个不同点，且该不同点仅发生于前一个案例中，那么该不同点就是该现象的结果，或原因，或原因不可分割的组成部分。"因此，差异法就是让作为现象发生原因和结果的差异显现出来。时间上的先后顺序和常识性的背景知识能帮助区分因和果。在该案例中，我们可以放心认为，植株衰败发生在比格犬"标记"行为之后。

穆勒的方法给出了从观察结果中推理原因的有力且自然的方式，尤其是用穆勒所说的"契合与差异联合法"处理这些观察结果时：寻找契合点可排除误导性因素，寻找差异点可缩小范围，定位决定性因素——"铁证"。对于那些即便不存在，也会发生同样结果的因素，我们便知它们是非原因因素（无契合点）；如果我们能先排除所有非原因因素，然后排除剩余因素中所有对这一结果来说非必要或不充分的因素（无差异点），我们就能找到"差异发生的"真正"原因"。

假设在前面猫咪的案例中，我首先使用契合法，找到了那几个造成与它的异常行为一并出现的因素：垃圾日、我女儿不在、干的早餐猫粮。然后使用差异法排除早餐：工作日时，它每天吃一样的猫粮，这一点与它不烦躁的那几天没有差别。另外，我女儿苏菲（Sophie）只有每周三不在家。好在我可以让她某个周三留在家里，并不影响继续使用差异法。如果她在家那天，猫依然烦躁，我就能断定真正原因是垃圾车（假设我没有漏掉其他相关的契合因素）。如果猫不烦躁，那么我就知道真正原因是苏菲不在家（假设我没有漏掉其他相关的差异因素）。

该例子印证了穆勒的两个重要观点：

> （1）“在这些方法中，差异法是最显著的人工实验法。”迄今为止已知与结果相一致的因素都只是我们从过往经验中习得的。但利用差异法，我们可以通过改变貌似是原因的因素来干预预期结果，以便从中挖掘出真正的原因。
>
> （2）“仅凭差异法，我们就能通过直接观察找到确凿原因。”若直接观察，契合法可能只能缩小范围，找到数种与结果伴生的因素，但严谨地使用差异法就能确定哪一个因素是结果产生的必备条件。正因为如此，最理想的实验程序是两种方法并用。

在实际的科学调研中若想同时使用穆勒的这两种方法是极其困难的，它们的使用条件非常苛刻。首先，被调查现象可能相对少见或是人力难以影响。比如说，你很难仅凭观察找到哈雷彗星有别于其他彗星之处。同样地，换作高度复杂的生物系统，比如人体，我们若想将可能是某一后果成因的因素和其他因素隔离开来研究是异常困难的。举个例子，遍布我身体各处的肌肉群、化学活动和电活动都与我的每一下心跳“契合”，而它们彼此之间相互依赖，无法隔离研究，我该如何确定它们之中的哪一个或哪几个才是维持心跳所不可或缺的？而且正如上文中猫的那个例子所示，我们往往难以确定自己是否通过观察和实验找到了所有可能相关的契合因素和差异因素。

换一个经济学问题：1929 年股市大崩盘的原因是什么？该事件只会发生一次，所以没有契合点可找；过去业已发生的类似事件我们又无法干预，所以也无法有计划、有步骤地改变事件发生的条件，以判定在哪些条件下该事件不会发生。当然，我们也可以选择研究大崩盘发生前一刻的种种情况，期望在这些情况中找到“差异”，但其中可能相关的因素太多，比如政府政策、银行业务、国内和国际政治等。

穆勒的方法与生物学和医学领域常用的“对照”实验最为近似。在此类研究中，样本群体将被随机分为两组，以便两组情况尽可能类似。然后，可能的病因被引入其中一组，该组为“实验”组，另一组则使用安慰剂，该组为“对照”组。如果实验组发病概率大幅超过对照组，我们便能得知，这一可能病因确实是发病原因，因为“这一条件是两组间唯一的差异”。不过，有时经济条件或道德准则会阻碍对照实验的进行，比如可能出现医学上的不良结果，这时候，研究人员就必须采取效果稍逊的策略，比如各种形式的契合法，其中一种就是研究那些业已出现所要调查的疾病的对象，希望找到他们之间的某种契合点。

若将穆勒的归纳法作为科学探究的标准，就会引出一个更为基础的问题，该问题同样困扰着培根的归纳机器。为了有效利用这些方法找到事物发生的真正原因，我们必须先有某些理论假设或背景假设指出哪个因素有可能是原因。即便是在猫这个简单的案例中，也有数不清的实验可以做，只是我没有做而已，因为我确信那些实验无助于找到我家猫举止异常的原因。比如说我没有把每周二的扑克之夜改期，没有取消订阅“每周一词”的电子邮件，没有请邻居放弃每周中外出用晚餐的习惯等。若要将所有逻辑上与结果契合的因素都研究一遍，工作量将庞大到难以想象，为避免此类情况出现，我对调查对象的选择是严格基于自己对这只猫、对可能引起烦躁情绪的事物、对因果性等的了解之上的。即便是做对照实验，此类假设似乎也很有必要。如果要为某慢性病寻找有效的治疗手段，我们不会试遍所有能思考到的药物和疗法，而是会在过往结果、公认理论和常识的指导下开展实验。

在极为先进的科学领域，比如粒子物理学或天文学领域，理论对实验的指导作用就格外关键了。在研究超新星成因时，若是漫无目的地在天空中搜寻恒星间的契合点和差异点，即便用上最先进的望远镜，也是徒劳且成本高昂的。我们可能会发现五花八门的模式和形形色色的关联，但这对确定超新星成因并不会有多大帮助。本案例的问题之一是，我们无法操纵恒星，也就无法完全发挥差异法的作用。我们可以用加速器操纵亚原子粒子，但企图通过一次又一次实验找到物质精确结构形成的原因同样徒劳。在上述两个案例中，我们尝试的实验、使用的技术，以及对数据的解释，都是受具体背景理论所制约的。穆勒的方法在日常生活中也许有用，可以指导因果调查的初期阶段，但在最先进的科学领域，它们也只能发挥次要作用，还必须有先于其存在的理论猜想的支持。

穆勒承认，在探究非常陌生的领域时，假说可以为从经验中归纳提供“一时的帮助”。但他坚持认为，最终假说本身必须简化为可以用差异法直接核实的形式。穆勒和牛顿一样反对假说推理，这一点遭到了同为英国人的威廉·休厄尔的严厉批判。休厄尔认为他将假说放在实际科学研究中次要且可消除的位置上是本末倒置。休厄尔涉猎的科学门类众多，是狂热的科学史学家。他认为假说或者说概念是开始探究所必要的，只有假说才能赋予事实以意义和条理：“要突然想出一个正确的观点是很困难的；一旦有了某个观点，我们就能让事实呈现出与我们过往了解所不同的一面……在此之前，各种思想都被视为彼此分离的、无规律的；在此之后，它们被视为彼此关联的、独一无二的、有规律的。”休厄尔的观点是，只有允许科学家引入全新的概念，一如科学史上常常发生的那样，旧的事实才能摆脱混乱，让人豁然开朗。

休厄尔的推测方法允许假说超过已知事实范畴。对此，穆勒反对称，他的方法为符合同一观察结果但又相互矛盾的假说打开了方便之门。穆勒认为任何“有丝毫清醒”的思想家都会认同一点，即我们不应因某个假说能解释已知现象就认可它为真理，因为“有时两个相互矛盾的假说也能同时满足这一条件”，我们还有许许多多“不切实际的构想”也可能满足这一条件。这个关于理论的问题已成为经验主义科学哲学的支柱，我将在下一章中详细探讨。而此刻，我还有一个反对归纳主义的重要观点要探讨。

培根和穆勒都相信，只要有足够多的时间和观察，归纳推理就能揭示出最基本的自然规律。如果我们发现近地物体在自由落体时的加速度是恒定的，与其质量无关，我们也已经对能想到的所有可能变量进行了众多实验，那么我们似乎就有充分理由认为这是适用于所有近地自由落体物体的定律。简言之，所能观察到的自由落体案例让我们推断出，所有自由落体案例都将遵循这一定律，无论是否被观察到。这是归纳主义科学哲学的重要原则，牛顿在《原理》一书中将这一原则奉为“一般哲学研究的”基本“规则”之一：“物体的那些性质……是所有可进行实验的物体所共有的，应被视为遍布各处的所有物体的共有性质。”

不过，这种由此及彼、举一反三的推论的合理性究竟从何而来？

物体曾以某一速度下落的事实为何能成为我们相信它将来还会以同样方式下落的理由？18 世纪苏格兰哲学家大卫·休谟率先提出了这一问题。首先，休谟指出，归纳推理肯定没有演绎推理那么可靠。对此，休谟举了个例子，过去食物一直是我的养分来源，若用归纳法推理就会得出这样的结论：现在食物仍然是我的养分来源。毕竟根据归纳法原则，该结论在此之前一直可靠，我便有理由相信它会一直可靠下去。但这个结论其实并不可靠，食物是有可能因为某种原因而无法继续为我提供养分的。休谟指出，归纳推理的合理性正是此处问题的症结所在。用归纳法证明归纳法本身合理，和用直觉证明直觉确有力量一样是绝不可能的。

科学哲学新视野 PHILOSOPHY OF SCIENCE

休谟论奇迹之伪

尽管对归纳法持怀疑态度，但休谟坚持认为“一个聪明人的信仰应与他掌握的证据成正比”。他的意思很简单，我们相信的应是与观察结果最契合的。虽然这个原则看似显而易见，但休谟从中得出的一些结论，至少在他那个时代，还是令人难以接受的。

以奇迹为例。休谟发现绝大多数人相信奇迹都是因为相信宗教文本或媒体报道中给出的证言。但我们对某一事件相关证言的接受程度应该取决于多种因素，包括该事件不同寻常的程度。如果一个朋友说他在自家附近看见了一名当地的政治家，我们就很可能相信他。如果他说自己看见的是甘地，我们就会认为他在撒谎或出现了错觉。一般而言，若证言所述情况超过了该事件发生的可能性，我们便不应采信。

现在说回奇迹，休谟认为通常声称奇迹发生的证言有很大可能是假的。就其定义而言，奇迹（比如起死回生）是违反自然规律的，而自然规律是有大量实证支持的。这个论点似乎不仅适用于他人的言论，甚至适用于我们自己感官的“证言”：如果我们看到一个人起死回生，我们就不应该相信自己的眼睛，因为幻觉和骗局并不违反自然规律。

休谟的论证给科学和宗教都制造了隐患。因为这似乎意味着，科学家若发现与自然规律不符的事物，就应把该事物当作奇迹一样不可信的存在而不予理会。因此，梵蒂冈官员对伽利略观察到的月球山脉不予理会似乎是正确的，因为这样不规则的月球表面不符合亚里士多德提出的天体都是完美球体的原则，而该原则在当时已经根深蒂固，广为接受。

不过，若我们将所有违反公认自然规律的异常观察结果通通忽略，科学又如何前进呢？休谟处理这一问题的方式是，对与公认自然规律不一致的实验结果再进行反复试验，若同样结果出现的次数累积到足够数量，则很可能是该规律错了。但是请注意，这并不是奇迹存在的证据，只能证明自然规律与我们原来以为的不一样。根据休谟的观点，如果事件本身值得信任，那么根据它来改变我们原以为的自然规律就是值得的。不过，这样看来，要证明奇迹存在不是不太可能，而是完全不可能。

那么，我们为什么要相信归纳法，甚至为此赌上自己的性命？饿了就该吃似乎是一件显而易见的事，即便这一次食物已无法再填饱我们的肚子，甚至可能带来更糟的后果，但“饿了就吃”这一自然过程还是会倾向于不变，而非出现混乱无序的变化。因此，穆勒指出，“归纳法的立场”遵循的原则是：“发生过一次的事情，在条件充分相似的情况下，将会再次发生，不仅如此，它的发生频率将与它的条件出现频率一致。”类似地，牛顿在证明自己的自然哲学归纳法规则合理时也说：“自然总是简单的，且与其自身协调一致。”这两个归纳主义者所依赖的可能就是我们今天所说的自然统一性原则（Principle of the Uniformity of Nature，PUN）。

因此，我们可以援引自然统一性原则来填补归纳推理中的逻辑缺漏。休谟若问要如何证明自然统一性原则是合理的，穆勒的一句话便足以回答：“若求证于真正发生过的自然过程，我们便会发现这一假设是正确的。”换言之，我们可以认为，既然自然统一性原则过去适用，那么在今天的午餐时间也依然适用。然而，休谟没有问这个问题，而是牢牢抓住了一点：自然统一性原则的合理性是用归纳法证明的，但自然统一性原则明明是用来证明归纳法合理性的！休谟认为，这种循环逻辑必然会污染所有证明归纳法合理性的（非演绎性的）理由。

假设，为了减轻我对“午餐可以缓解饥饿”的种种疑虑，我罗列出了与以下过程有关的生理学规律：机体对食物中葡萄糖的处理过程，该处理过程对控制饥饿感的大脑区域神经化学变化的影响过程。这一假设只是将归纳法问题更深入了一步——除了“过去就是这样的”这一理由之外，我们凭什么相信消化过程和大脑的化学变化应该以它们现在的工作模式继续工作下去呢？正如休谟指出的：“从经验中得出的论点是不可能证明过去与未来的相似性的，毕竟所有这些论点都建立在假设这种相似性存在的基础之上。”

那么，休谟是否摒弃了归纳法呢？他是否不再在饥饿时吃午餐呢？当然不是（休谟的肖像就足以证明这一点，从肖像上看，他营养充足）。他认为归纳法是人类身上一种根深蒂固的心理本能，他称之为“习俗”或“习惯”，它就像恐惧和性欲一样，是我们不可能丢弃的。但这并不意味着归纳法是理性的，它并不会比恐惧和欲望更理性。

达尔文出生前休谟就去世了，若他还活着，很可能会欣然接受归纳法是适应性特征的观点——在我们的祖先中，认同归纳法的那些幸存率更高，繁衍的子孙后代更多，因此，它才会继续存在于我们身上。所以他说：“若没有习俗的影响，我们能知道的事实唯有自己记忆中有的，感官直接感觉到的。我们将永远无从得知如何为达成目的而调整手段，如何利用自然的力量来达到任何效果。”不过，休谟很快会指出，归纳法的实际好处并不是提供一个合乎逻辑的理论基础，因为任何事物过去有用并不能确保其今后也会一直有用。

科学哲学新视野 PHILOSOPHY OF SCIENCE

新归纳之谜

假设我们已经解决了休谟的归纳法问题：迄今为止我们观察到的所有翡翠都是绿色的，根据这一事实，我们有理由相信，我们未来观察到的所有翡翠也都会是绿色的。在 20 世纪，哲学家纳尔逊·古德曼（Nelson Goodman）就这个问题提出了新的思路。来看一看古德曼发明的以下术语：

绿蓝（Grue）：某样东西，若过去观察到是绿色的，但现在观察到是蓝色的，那么它就是绿蓝色的。

现在面对同样的证据，我有理由相信所有的翡翠都是绿色的，因为迄今为止观察到的所有的翡翠都是绿色的；但我似乎也有理由相信所有的翡翠都是绿蓝色的，因为迄今为止观察到的所有翡翠都是绿蓝色的。但我显然不相信所有的翡翠都是绿蓝的，因为我并不认为自己下一次看到翡翠会是蓝色的。这种偏信绿色而非绿蓝的行为是合理的吗？还是出于一种习惯，就像休谟一样？许多人反对编造“绿蓝”这一谓词，因为它的定义是在绿色基础上引入了时间界限，这一点非常奇怪。对此，古德曼回应称，我们也可以用绿蓝和另一个谓词来定义绿色：

蓝绿（Bleen）：某样东西，若过去观察到是蓝色的，但现在观察到是绿色的，那么它就是蓝绿色的。

绿色（Green）：某样东西，若过去观察到是绿蓝色的，但现在观察到是蓝绿色的，那么它就是绿色的。

在我们看来，在绿色的定义中提到时间可能有点古怪；但在绿蓝－蓝绿语言环境中长大的人看来，把绿色和蓝色看作原始术语才是古怪的。古德曼认为，我们之所以会使用现在这种归纳推理方式，是因为某些谓词在我们的实践中更为“根深蒂固”，其中也包括了科学实践。但在古德曼看来，这只是一个具有偶然性的事实，与语言和实践有关，并非出于某种逻辑性或客观性的原因。如果“绿蓝”在我们心中已经根深蒂固，我们会认为过去观察到的翡翠是绿蓝色的，也会预测它们未来仍将是绿蓝色的，也就是说，它们未来是蓝色的）。但是，我们被惯用谓词束缚住了，正如休谟被他的归纳习惯困住了一样。

许多关于科学方法的现代哲学思想都可以被理解为对休谟怀疑论的回应（休谟也将自己的怀疑论应用到了传统的因果关系概念和自然规律概念上）。伟大的德国哲学家伊曼努尔·康德说，休谟将他从教条主义的麻木中唤醒，并激励他为休谟的超经验主义知识概念提出了一种“批判性”的解决方法。康德认为，经验主义利用的是一种错误假设。他的这一观点影响了 19 世纪的许多哲学家，包括休厄尔。康德所说的错误假设是，我们可以体验世界，因为世界“自身”是客观的，是无人类智力参与的。但他认为，我们试图用科学去理解的这个世界，即现象世界（phenomenal world），是通过一系列基本固定的类别去感知的，比如时间、空间、因果关系等，而这些类别就是人类智力的产物。这个世界本身，即本体世界（noumenal world），是我们永远无法理解的。他因此提出了一种经验主义和理性主义相结合的概念：没有经验的理论是空洞的，但没有理论的经验是盲目的。

接下来，我将探讨现代的科学方法概念，这些概念虽鲜有接受康德形而上学思想的，但也试图将经验主义和归纳主义的确信（科学最终建立在经验之上）与理性主义和演绎主义的洞见（我们的智力对理论的构建和评估做出了重要贡献）相结合。

在近来的演绎主义和反归纳主义科学方法论中，最彻底的也许要数卡尔·波普尔的观点了。波普尔认可休谟的一个论点：我们无法从数量有限的实证观察结果推理出无可争议的普遍规律或理论。他还主张，我们以某种方法提出的假说，即便被实证证实为真，也不能据此认定它就是真的。我们不能指望从个别成功案例中推理出理论的普遍真理，因为错误的理论和正确的理论一样，也可以给出正确的预测。

如果我的理论（T）预测了某一观察结果（P），且该预测被证实为正确的，那我是否可以据此推断我的理论是正确的呢？这就等于犯了“肯定后件”（affirming the consequent）的逻辑谬误。举个例子，理论 T 是：“所有天鹅都是白色的。”从逻辑上看，该理论必然会给出预测 P：“未来某一时间观察到的天鹅也会是白色的。”但是，即便该预测是正确的，也不可能推导出该理论是正确的：

前提 1：T 给出预测 P。

前提 2：P 为真。

结论：则 T 为真（无效）。

这个前提可能是真的，但结果仍可能是假的，原因很简单，除了我们观察到的这种天鹅之外，还有其他品种的天鹅，它们恰好不是白色的。

不过，假设你在指定时间看到的是黑天鹅，也就是说该预测错了，那么你就可以通过演绎推理，得出该理论为假的结论：

前提 1：T 给出预测 P。

前提 2：P 为假。

结论：则 T 为假（有效）。

这是一个完全正确的演绎推理。该理论断言所有天鹅都是白色的，因此，只要观察到一只其他颜色的天鹅就能证明该理论为假。波普尔的观点很简单：通过演绎法，虽然不能通过正确预测验证某理论为真，但可以通过错误预测证明该理论为假。这便是波普尔演绎主义和证伪主义的吻合之处。

即使从逻辑上来讲，不能根据正确预测推断某理论为真，但至少可以用归纳法推理出它可能为真吧。不过，波普尔对此也并不认同。之前说过，在他看来，科学理论应该是高度可证伪的。但是万事皆平等，越是可证伪的理论就越是不可信。如果一个理论说 A 会发生，而另一个理论说 A 和 B 都会发生，那么第 2 个理论的可证伪性更高，因为它的可证伪方式是前者的 2 倍。因此，它成立的可能性也更低（或者至少不会大于第 1 种）。这是概率逻辑的必然结果，这一点波普尔肯定是认可的。假设有一对夫妻要生 2 个孩子，我只预测第 1 个是男孩，而你预测第 1 个是男孩，第 2 个是女孩。我预测正确的概率有 50%，而你预测成功的概率只有 25%。因此，波普尔总结道："如果我们的目标是知识的进步或增长，那么从概率演算的意义上说，我们就不可能同时追求高可能性：这两个目标是无法同时成立的。"

为避免越是增进知识的理论就越是不可能成立的结果，有许多方法可以运用。其中一个是，重点关注新证据影响其可能性的方式。要计算某一证据 E 对假说 H 的可能性是降低还是增加，还是有一些绝对客观的方式的，这些方式波普尔也必定不会反对。举个例子，如果我知道朋友在我没中彩票时骗我说我中了彩票的概率有多少，我就可以计算出当他告诉我我中彩票时，我应提升多少期待。如果我知道他没有撒谎的习惯，所以不可能骗我，那么他的消息将大幅提高我中彩票的可能性。我中彩票的假说就不仅仅是"增进知识的"，也是大有可能成真的。

当然，这里也存在问题，根据证据重新计算可能性的这一方法是有前提的，就是我“事先”分配给假说（我中了彩票）和证据（朋友告诉我我中了彩票）各自的可能性，但这些方法并没有对这些前提做出解释。没有这些，我就无法计算新证据对事件会有多大程度的改变。而这又回到了休谟提出的问题上：我们如何利用有限经验证明一般性结论的合理性，或者其为真的可能性？下面，我将探讨另一个与波普尔不同的观点，说明预测成功如何为科学假说提供了归纳推理的支持。

从纯逻辑的角度来看，演绎法无法利用正确预测证明某理论为真的说法似乎是无懈可击的。牛顿能以极高精确度预测行星轨道（早期的托勒密派天文学家也可以做到）。然而，牛顿的理论并非滴水不漏，他对水星轨道的错误预测就能说明这一点。不过，爱因斯坦确实正确预测了水星轨道，以及其他许多惊人的现象。诚然，爱因斯坦的这些非凡成就并不能证明他的理论的正确性，但真的就连提供一些可证明理论为真的证据都不行吗？

20 世纪出现了大量的归纳主义方法论，旨在证明预测准确性可以提供可靠的归纳推理依据。这些方法论绝大多数是由与逻辑经验主义（有时也被称为逻辑实证主义）运动有关的哲学家提出的。逻辑经验主义出现在两次世界大战之间的奥地利，是由一群维也纳学派的科学家和哲学家提出来的。维也纳学派中最杰出的成员包括鲁道夫·卡尔纳普（Rudolph Carnap）、汉斯·赖欣巴哈（Hans Reichenbach）和赫伯特·费格尔（Herbert Feigl），其中有许多人移民美国，并将科学哲学建成了一门专业学科，至今仍然在蓬勃发展。正如名称所示，逻辑经验主义者是将波普尔对现代演绎逻辑力量的热情与严格的经验主义形式结合起来。他们承认假说的重要性，同时也赞同传统的归纳主义观点，即科学知识（非形而上学，他们蔑视形而上学，认为其是空洞的）牢牢立足于直接经验之上。

这种方法论中一个有影响力的例子是普林斯顿哲学家卡尔·亨普尔（Carl Hempel）提出的假设演绎（hypothetico-deductive）证明模型。亨普尔认可休厄尔的观点，即假设推理引导着科学进步，但他也保留了“人们的主要学习途径是经验的”这一归纳主义观点。他的基本模型非常简单。研究者通常会从一般性假说开始，以开普勒的面积定律为例，该定律说，行星和太阳的连线在相等时间间隔内扫过的面积相等。根据这一定律，以及某颗行星在特定时间点的位置和速度，我们可以通过演绎法预测出它在稍后某个时间点的位置。如果预测正确，则证明该定律为真；否则该定律为假。得到证实的预测越多，就越能证明该假说为真——我们就越有理由相信它。

在证明假说为真的过程中，可能还会有一些可“加分”的补充规则，比如该假说可以预测到一些惊人或新奇的结果，该假说有极高的准确度，或者该假说可适用于一系列不同的现象。不过，该论证的要点在于，根据理论演绎推理出的正确预测会成为归纳论证该理论为真的论据。亨普尔承认，就“狭义”来说，这种方法并不算直接从现象推导出理论的归纳法范畴。但是他坚持认为这属于“广义”的归纳法范畴，“因为它是在观察数据的基础上认可相关假说的，而这些数据本身并没有为论证该理论为真提供决定性的证据”。尽管与培根梦想的归纳机器不同，但归根结底，假设演绎模型符合“科学是由直接观察结果指导的”这一经验主义形象。

值得简要说明一下的是假设演绎模型的另外两个特征。首先，在科学领域，基础理论将具体定律视为“特殊案例”的情况并不罕见。以孟德尔的遗传定律为例，其中绝大部分内容都可以从更基础的分子遗传学原理中得出。假设演绎模型解释的是，这些具体定律给出的预测在何种情况下可以，以及为什么可以证明基础理论的真理性。亨普尔表示，人们自然而然会认为这种证明关系是“传递性的”，因为演绎法是传递性的：如果有 A 必有 B，有 B 必有 C，则有 A 必有 C。因此，如果某一观察结果可从某规律推导出来，则可证明该假说或规律为真，而该规律是从另一更普遍理论中推导出来的，则可证明该理论为真。

举个例子，牛顿定律是非常一般性的，并没有特别提到行星轨道。但牛顿证明了，从逻辑上来说，开普勒定律是可以从他的一般性定律中推导得出的。因此，牛顿通过证明根据他的理论可以推导出开普勒和伽利略提出的具体定律，证明从归纳法角度来说，他们的定律是可以支持他自己的定律的。这是说得通的，假设演绎模型也解释了其中的原因。

其次，亨普尔认为，证明与解释之间存在着明显的对称性：开普勒定律对行星位置的预测证明了这些定律为真，但同样地，这些定律也解释了行星为什么在那个位置。基础理论与衍生定律之间也存在同样的对称性：开普勒定律证明了牛顿定律为真，牛顿定律又解释了开普勒定律为什么存在。解释与证明之间的这种联系为“最佳解释推理”（inference to the best explanation）提供了支撑，这是科学及日常生活领域常常使用的一种扩展推理（ampliative inference）。这种推理方法给人的直观印象是，我们应该相信的是为现象提供了最佳解释的那个假说。鉴于假设演绎模型，人们使用这一推理方法也并不奇怪，因为从各种不同的角度来看，证明与解释、假说与现象之间存在着相同的演绎关系。

我将在下一章继续探讨最佳解释推理。值得一提的是，这种推理方法可以为智慧设计论支持者带来安慰：在解释“不可简化的复杂性”等生物系统特征时，智慧设计论比达尔文进化论做得更好。不过，亨普尔认为，任何解释准确与否都取决于它是否符合一个严格的标准：它必须让我们能够对它所解释的现象进行预测。举个例子，用这周的某一天来“解释”地震是很荒谬的，因为这样的日期无法为我们预测地震提供任何特别的理论线索。类似地，正如我在第 2 章中说过的，智慧设计者假说本身并没有提供足够的理论线索，让我们得以预测任何特定的生物学现象或复杂性现象等。因此，智慧设计论并不满足亨普尔的充分性标准，也就无法从它所谓的解释力中得到归纳支持。

科学哲学新视野 PHILOSOPHY OF SCIENCE

乌鸦悖论

亨普尔发现了自己假设演绎理论的惊人后果，这个后果可能是破坏性的。以一个非常简单的假设为例：

（1）所有的乌鸦都是黑色的。

这个假设貌似可信，根据亨普尔的理论，以下观察结果将证明（1）为真：

（2）“这里有只乌鸦，它是黑色的。”

但就逻辑而言，（1）的意思等同于：

（3）不是黑色的就不是乌鸦。

对比：“人终有一死，无一例外”=“任何不死的生物都不是人类”

如果（2）证明（1）为真，那么就可推测（4）能证明（3）为真：

（4）“这里有只动物，它不是黑色的，也不是乌鸦。”

矛盾之处来了，若（4）能证明（3）为真，那么根据以下貌似可信的原则，也是为亨普尔所接受的原则，它也应该能证明（1）为真：

（*）逻辑上等同的观点可以用同样的证据加以证实。

因此，（4）和（2）一样可以证明（1）为真。但这就意味着绿鞋、白鸽等观察结果都可以证明（1）这样的规律为真。若真是这样，科学就太简单了！

对此，亨普尔的回应是，（4）确实可以为（1）提供证明，但证明力度弱于（2）。他表示，罕见结果当然比常见结果更能为理论提供证明。不过，靠着数梳妆台抽屉里的袜子就能研究鸟类学的观点还是太令人难以置信了。

超越归纳主义和演绎主义

波普尔和亨普尔虽分歧众多，但有一个共同点，他们都严格遵守科学推理的客观性。他们都将科学方法视为一种论证形式，这种论证是根据假说推出一些观点，然后用直接经验与这些观点作对比。这种方法完全遵循逻辑和观察结果，不预先假定实验检验的理论为真，以确保科学的客观性。一个理论是否能预测某一现象是一个简单的演绎逻辑问题，该现象是否会发生则是一个公开的经验事实问题。

但在 20 世纪下半叶，这些假设遭到了质疑，连带着被质疑的还有科学本身的客观性。质疑这一逻辑导向的传统科学方法的主要人物之一是托马斯·库恩，他很可能是自穆勒后最有影响力的科学哲学家。库恩原本的专业是物理学，后来对物理学史产生了兴趣。他发现物理学史与物理学课堂上讲述的传说不符，与哲学家提出的“理性重建”也不符。科学家倾向于从胜利者的角度看待历史：科学史就是在通向当代理论的必由之路上进行的一系列崇高斗争。哲学家则喜欢过度的逻辑抽象，笃信科学的本质是理性的。但库恩认为，如果认真审视历史，科学进步和理性与这些理想化的概念之间则有着巨大的差异。

《科学革命的结构》(*Structure of Scientific Revolutions*) 是库恩具有开创性的著作，书中，他提出了自己的科学发展模型，该模型的核心是“范式”(paradigm) 这一概念。范式是重要的理论成果，为未来某一特定领域的研究建立了“范例”或框架。年轻科学家们接受了范式假设和方法的灌输，致力于范式的阐述和应用。许多日常的或“常规的科学”(normal science) 专门用于解决范式所提出的理论“难题”和经验“难题”。以牛顿在《原理》一书中建立的物理学范式为例，科学家们根据他的理论发明了一个简洁的数学公式，将他的定律应用到了气体和液体上，并解决了行星轨道异常的问题。

与波普尔相反，库恩认为科学家断然不会对证伪自己的范式感兴趣，因为没有范式，就没有系统性的探究，只有盲目的事实搜集和哲学猜想。因此，在库恩看来，天文学与占星学之间的差异，以及科学与非科学之间的差异，都与证伪无关。正如哥白尼的范式所示，天文学为解开天文学谜团提供了明确的指导和技巧；但占星学并没有为解决预测失败或解释失败的问题提供系统性的方法。两个占星学家对同一个失败的判断可能截然不同，但又没有原则性方法可以判断他们孰对孰错。

历史还表明，随着范式精确度的提高，它会被运用到新的领域，若在新的领域遇到无法解释的异常现象，该范式的解谜能力就会不可避免地降低。范式的失败越来越多，就会遭遇“危机”，最终催生革命，诞生新的范式。科学革命的显著特征之一就是，新旧制度支持者之间的理性争论以失败告终，这一点与政治革命一样。在库恩看来，之所以出现这一特征的原因是范式本身决定了正确的科学研究方法。范式不仅是理论范例，也是“学科基质”（disciplinary matrix），决定了科学探究的价值观和目的。“好”科学的构成要素是什么？这是一个基础性的科学问题，而不同范式的支持者在该问题上看法不统一，双方都希望能说服对方，让对方相信自己的范式更好。“这些不完全的循环论证将证明，”库恩解释称，“每个范式差不多都能满足专为它而设定的标准，但无法完全满足它的对手提出的标准。”

因此，某一场科学革命成功的原因并不是某个抽象的归纳推理逻辑证伪了旧的范式，或更好地证实了新的范式。相反，新的范式将会为下一代科学家提供一系列有趣的谜题，以及一套有望解决它们的技术。但上一代科学家并不会因此而被说服，他们要么妥协，要么“沦落”到主流科学的边缘。作为量子理论的先驱之一，马克斯·普朗克（Max Planck）认为：“新的科学真理的胜出，并不是因为成功说服了对手，而是因为反对者终会死去，熟悉这一真理的新一代会成长起来。”

因此，在库恩看来并没有哪个科学逻辑的范式是超凡绝伦的，归纳逻辑、演绎逻辑都不例外。他还驳斥了波普尔、亨普尔认同的另一科学客观性基础，也就是科学中的观察结果可以不以正考虑的理论为前提。在研究了哲学家 N. R. 汉森（N. R. Hanson）和格式塔心理学领域的研究成果后，库恩认为用独立的观察结果来判定相互竞争的范式孰优孰劣是徒劳的，因为范式的概念结构决定了科学家的观念。正如下图，它有可能被看作鸭子，也有可能被看作兔子，具体结果取决于观察者的取向及其业已形成的条件反射。不同科学家可能因自己对范式的取向不同，而对同样的物体产生了不同的理解。

著名的鸭兔图

同样的场景，古代天文学家看到的是太阳升起，现代天文学家看到的是地球自转；至于钟摆，亚里士多德学派学者看到的是钟摆摆脱了自然静止的倾向，牛顿学派学者看到的是钟摆近似惯性的运动；当约瑟夫·普里斯特利（Joseph Priestley）看到“脱燃素气”（dephlogisticated air）时，安托万·拉瓦锡（Antoine Lavoisier）看到的是氧气；诸如此类，不胜枚举。从某种意义上说，这些转变在科学上甚至比在格式塔实验中更为显著。

回到上图，其实这些模糊的铅笔线条并不是在描绘鸭子或兔子，只是经过我们大脑的一些处理，我们会从它们交叠后的效果中看到鸭子和兔子。但科学观察中似乎没有类似的模糊数据可借助，因为我们用于描述现象的最好也最基本的方式就来自科学本身。在牛顿学派看来，“摆石正趋于自然静止”并不是对某一潜在现象的不同看法，而是对摆锤近似惯性运动的错误描述。

考虑到这些缺乏理论中立的科学观察结果，库恩得出了相当惊人的结论：“我们也许有理由认为，科学革命会彻底改变科学家工作的世界。”我将在下一章探讨该结论的激进含义。现在，我们已足以领会观察中的“理论负荷”（theory-ladenness）为逻辑经验主义的科学方法论制造了多么严重的威胁。如果没有理论中立的观察，经验世界就不可能再作为判定相互竞争的假说孰优孰劣的客观仲裁了。

尽管库恩认为方法论取决于范式，但他绝对不提倡在常规科学中提出相互竞争的方法。他认为教条式地坚守范式规则才是常规科学进步的关键。第二次世界大战以后时期另一位非传统的哲学家保罗·费耶阿本德（Paul Feyerabend）主张的是“怎么都行”（anything goes）的无政府主义方法论。费耶阿本德有点哲学破坏分子的特质，他年轻时学的戏剧，据说有时他上课就像在展示表演艺术。他在自己的主要著作《反对方法》（*Against Method*）一开篇就表明了立场：“任何规则，无论是‘基础’的还是‘理性’的，总会遇到不仅应该被忽略，甚至应该被相悖规则所取代的情况。”

费耶阿本德最喜欢研究的历史案例是哥白尼革命，尤其是伽利略的科学实践。为了推进对哥白尼理论的研究进展，伽利略主动采用了归纳法，以及“反归纳法”（counter-induction，刻意向与明确证据相反的方向推理）、特设性假设（ad hoc hypotheses）、诉诸权威[①]、“宣传”、甚至是欺骗。费耶阿本德认为，无论在从前还是现在，这种机会主义方法论都是推动科学进步的恰当且必要的手段。

费耶阿本德喜欢“怎么都行”和“百花齐放、百家争鸣”这样的口号，他认为，违反公认推理准则的方法和观念不断激增对避免停滞和教条主义来说必不可少：“作为当今科学基础的这些思想之所以存在，唯一的原因是曾经的偏见、狂想和激情等等；因为这些与理想相悖，因为这些可以想怎样就怎样。”对费耶阿本德来说，这意味着要认真思考与理性主义西方科学截然不同的思想，比如传统医学、伏都教和阿赞德人的巫术。尽管费耶阿本德对历史的解读并非没有争议，但他对普遍主义方法论的抨击鼓励科学哲学领域出现了更多元的方法论（如今多元方法论已很常见），以及后现代的社会构建主义科学批评（这一点将在下一章深入探讨）。

① 常见逻辑谬误之一，指盲从于权威的主张。——译者注

第2章曾经提到，最为反对证伪主义划分标准的观点之一是，只靠理论是不可能做出预测的，还得结合众多经验假设、实验假设和数学假设。举个例子，要根据牛顿定律预测哈雷彗星的再次出现，必须先对其他天体的位置和质量做出众多假设，利用精确的望远镜及其他仪器收集与假设相关的数据，利用可靠的数学计算进行推导等。因此，一旦预测失败，科学家们就得在诸多因素中找到出错原因，此时，演绎逻辑和归纳逻辑似乎都无法“插手”，帮不上忙了。

19世纪与20世纪之交，法国哲学家皮埃尔·迪昂也强调了这一点，后来，富有影响力的美国哲学家蒯因以此为基石提出了科学知识的“整体”论。蒯因认为我们对这个世界的知识构成更接近于“信念之网”（web of belief），而非演绎系统或公理系统。网中一旦出现问题，比如有内部矛盾或与经验相冲突，就必须进行调整。但仅凭逻辑推理，我们无从得知究竟应该调整何处：“任何说法在逻辑上都可能是成立的，只要我们对这张网其余部分的相应调整足够充分。”

如果蒯因的说法是正确的，那么将科学方法简化成绝对逻辑规则或纯粹理性规则的这一哲学目标就可能带有误导性。科学哲学究竟该如何仅凭自己的力量去理解科学知识呢？蒯因认为，一般性的知识理论，即认识论，应该“自然化”。人类知识的实质是一种心理现象，因此，我们应该用经验心理学工具对其进行研究：“认识论或者类似认识论的东西都属于心理学范畴，因此也属于自然科学范畴。认识论研究的是自然现象，也就是人类所研究的有形的对象。”就逻辑界限而言，就连哲学也在自然主义覆盖范围内。事实上，最近哲学领域很有趣的发展之一就是对哲学本身的经验研究，这也被称为“实验哲学”运动，鉴于历史上哲学与科学之间的密切联系，有些人会认为这是一次复兴。

波普尔、亨普尔、库恩三人之间虽然分歧众多，但似乎都认同一点："发现的情境"（context of discovery）与"证明的情境"（context of justification）不同。逻辑经验主义哲学家汉斯·赖欣巴哈对二者间的区别做了最为清晰的阐释。赖欣巴哈的基本主张是，认识论看重的应该是对科学的逻辑分析或"理性重建"（证明的情境），而不是科学的心理成因或社会成因（发现的情境）。波普尔和亨普尔完全认同这一科学哲学观点。与他们二人相比，库恩确实更了解科学发现的历史进程，但似乎就连他也对找到科学发现的终极本质丧失了信心："探讨最后这一阶段的本质是什么，其实就是在探讨个人是如何创造出（或如何发现自己业已创造了）可将已有数据有序整理的新方式的，而这个问题的答案现在无法解开，未来也可能永远无法解开。"

科学哲学的自然化方法恰恰推翻了这一备受推崇的区别，将发现的实际过程置于证明逻辑之前，并竭力主张对这一过程进行彻底的历史研究和经验研究。正如罗纳德·吉尔（Ronald Giere）对自然主义宣言的概括："科学研究本身必须是科学的。"

自然主义当然也遭遇了反对。一些人认为自然主义范式中存在错误循环：利用科学去研究科学等于是以我们试图理解的东西作为我们的研究前提。就像盯着自己的眼球研究自己的眼球一样，这样的研究是不会有任何进展的。对此，自然主义者反驳道，我们当然可以用一种科学来仔细研究另一种科学（例如用心理学来研究物理学），这就好比我们可以花钱请眼科医生来检查我们的眼睛一样。其实，一种可能增进知识的方法是用心理学来研究科学，探究认知科学中涉及的认知过程。社会学也被广泛宣传为理想的“科学学”（science of science），这一点我将在第 5 章中探讨，但许多自然主义者一直赞同更多元的方法论。

问题更大的一个观点是，我们不仅可以用科学来理解科学的过程，还可以用科学来验证或证明该过程所得知识的真伪。这似乎是一个不可能成立的循环，就像你不能用《圣经》来证明上帝存在，不能靠靴子上的拔靴带把自己拉起来一样。这一观点也为自然主义招致了第二波指责，而该指责的使用频率太高，以至于很荣（不）幸地有了自己专属的标签——“自然主义谬误”（naturalistic fallacy）。这里的谬误是指，我们根据自己对科学实践过程因果性的科学了解推理出科学真理。但它们是截然不同的东西，不能“凑”在一起相互论证。正如坚持发现与证明不能混为一谈的捍卫者们所主张的，我似乎不用知道某人的观点是否为真理，也可以告诉你他的观点形成过程的点点滴滴，这个“某人”也可以是正在进行科学探究的科学家。反之亦然。

第 5 章中，我们从社会维度研究科学时就会发现，对某一科学观点来说，变化产生的源泉与该变化的最终目的之间并不存在泾渭分明的区别。不过，科学的实证研究似乎必然会留下一个关于科学的哲学基本问题：科学是否实现了自身的目的？这将是下一章探讨的主题。

要点总结

1. 好的演绎推理是：所依赖的信息为真，推理出的结论必为真。而好的归纳推理并不能保证基于已知前提得出的结论一定为真，只能证明它很可能为真。

2. 培根和穆勒等人的归纳法哲学理论，从诞生之初到 20 世纪对科学产生了重大影响。他们都相信，只要有足够多的时间和观察，归纳推理就能揭示最基本的自然规律。

3. 维也纳学派在两次世界大战之间提出了逻辑经验主义。该学派的成员最终将科学哲学建立成了一门专业学科。

4. 托马斯 · 库恩提出了“范式转换”的科学发展模型。范式是重要的理论成果，为未来某一特定领域的研究建立了“范例”或框架。

5. 蒯因认为知识是一种信念之网，而非演绎系统或公理系统。他主张用科学的方法研究科学发现的过程，这就是自然主义。

A BEGINNER'S
GUIDE

第 4 章

科学的目的

科学研究的目的是为了获得真理吗？如果不是，那科学知识存在的作用究竟是什么呢？科学的终极梦想又是什么呢？

我们已经探讨了科学的起源、本质和方法。现在，我们来看看科学的目的。出人意料（或者你现在已经不觉得太意外）的是，对科学追求的目的是什么或科学业已实现了什么目的这一问题，哲学家们鲜有共识。不过，某些关于科学目的的观点曾是共识，只是现在不再被广为接受了。

在古希腊哲学家伊壁鸠鲁（Epicurus）看来，科学的目的是帮助解决人们对死亡和未知的毫无来由的恐惧："如果我们对天空中各种现象以及死亡的怀疑完全不会困扰自己……我们就不会需要自然科学了。"在罗伯特·波义耳等许多中世纪和近代早期哲学家看来，科学主要是为了赞美上帝："对上帝作品的了解与我们对其作品的钦佩是成正比的，这些作品是造物主不竭才能的产物，也是其诸多方面的体现。"然而，即便是这些看法，似乎也预先假设了科学的目的是发现真理，时至今日，这也仍然是人们对这一问题的普遍观点。科学若不能告诉我们有关事物的真理，又如何能消除迷信，如何能赞美上帝的杰作？

不过，无论科学是否能增进我们的幸福感或虔诚之心，我们都有理由问这样一个问题：真理是不是我们应该对科学寄予的期待。或许正如贝拉明给伽利略的忠告，科学能够“解释表象”就够了。亦或许，科学只需要为公共利益服务就行了，也就是培根说的“改善人的生计”。

科学实在论

现代科学让我们看到了一个奇异且陌生的世界。无边无际的宇宙是一个四维（或更多维）的“时空流形”，拥有数以十亿计的星系，每一个星系中都存在着恒星、尘埃和众多的“暗物质”，偶尔也会出现黑洞。恒星、行星、卫星都是由众多元素构成的，这些元素又是由基本粒子构成的，这些基本粒子的运动方式在 4 种基本力的作用下有一定的可预测性。整个宇宙的熵，即无序的状态，正在增加，宇宙正缓慢但不可阻挡地趋近“热寂”（heat death），一旦进入“热寂”，就连原子也会分解。

尽管宇宙正向着寂灭行军[①]，但其组成元素的组织方式为复杂生物系统的出现创造了条件，这些系统会自我复制，会随着时间推移不断进化。地球上存在着数以百万计的生命形态，但只有一种生物创造出了高度复杂的社会结构和文化产品，包括语言、技术和科学。21 世纪初的科学宣称，宇宙诞生于 120 亿年前的一场“大爆炸”[②]，最终，它要么会逆向“收缩”，要么会永远膨胀下去。

回顾过去 2500 年的科学发展进程，我们难以否认现代科学有两点

① 这并不是科学界公认的看法。——编者注

② 现今的数据约为 138 亿年。——译者注

极其成功。首先，现代科学以惊人的准确性预测了可观察到的绝大多数物理、化学和生物系统的行为。当然，系统本身的复杂性也会影响科学预测的准确性。不过，现在即便是极其复杂的经济系统和天气系统，也可以在较大误差范围内进行预测。

其次，是科学技术的巨大进步。科学预测或科学经验的成功离不开科学技术的巨大进步。现代医学的成功，尤其是药物疗法和诊断技术的成功，就直接依赖于化学和电子科学的进步。物理学在军事技术上的“成功”应用也由来已久，从 16 世纪的抛物运动计算一直到今天的巡航导弹。如今物理学领域对“纳米系统”的研究很有可能带来又一场计算机技术，甚至是能源技术的革命。至少对绝大多数人来说，我们的衣食都是利用各种分子科学领域研发的技术所生产的。如今，人类能永久定居于太空，而在我撰写本文的同时，自动化太空船“卡西尼”号（Cassini）正在土卫二地表附近向地球回传着数据。

如果没有这些成功案例，我们是否应该假设上述对宇宙的奇异概括真的抓住了事物存在的真理？科学实在论要求现代科学理论真实（或接近真实）地描述这个世界。后面我们将看到，反实在论的形式多种多样，但基本观点一致，都认为科学理论的目的不是真实描述这个世界。在对实在论的论证中，最有说服力的就是基于上面提到的那两点成功，或者其中之一的论证。

这种论证认为，现代科学在经验和技术上取得了巨大成功，而对这一成功的最佳且可能唯一的解释就是，现代科学大概是正确的。举个例子，对标准原子模型大获成功的最佳解释是，原子中电子、质子和中子的排列与该模型所预测的基本一致。有时，该论证的捍卫者会说，现代科学若不是基本正确的，那么它的成功就是一个惊人的巧合，甚或是“奇迹”了，因此，我将把这种论证称之为科学实在论的“无奇迹”论证。

无奇迹论证：实在论是对现代科学经验和技术成功的最佳（或唯一）解释。

实在论者称，该论证中所用的推理模式常见于科学研究和日常生活，这种模式就是“最佳解释推理”。举个例子，尽管我从未直接问过隔壁邻居是否结婚，但他们住在一起，还戴着金子做的对戒，我认为结婚是对此最佳的解释。尽管天体物理学家并未直接观察到“暗物质”，但他们相信该物质存在，因为它的存在可以解释各种已知的引力效应，比如星系的旋转。利用同样的推理方式，科学实在论者相信现代科学是正确的，或近乎于正确的，因为这是对其成功的最佳解释。

当然，科学成功了但其理论对世界的描述错了也不是没有可能，正如我的邻居可能只是同居，且碰巧喜欢一样的戒指。不过，鉴于正确的理论似乎比错误的理论更可能成功，同居情侣佩戴金子对戒并不常见，因此我们有理由不相信这些可能性。当然，下面我会谈及，正确理论成功可能性更高这一观点引发了重大疑虑。

在科学实在论反对者中，至少有一人曾指责该实在论论证是回避问题实质的“诡辩”，此人便是哲学家亚瑟·法因（Arthur Fine）。换言之，法因认为，该论证假设为真的，恰恰就是它声称要去证实为真的对象。问题尤其显著的就是依赖最佳解释推理的无奇迹论证，该推理的合理性至今仍是实在论争论中悬而未决的问题。

反实在论者不赞同将最佳解释推理应用于特定的科学理论。比如，他们不认为量子理论的解释力足以证明其为真。因此，用完全一样的推理方式证明实在论等哲学理论为真也是不合理的。法因写道："解释主义辩护（无奇迹论证）所依赖的是对实在论根本观点的成功解释，而这种论证方式的说服力其实源自它正在探讨的问题。鉴于此，解释主义辩护似乎是一种典型的诡辩。"

尽管这一异议在反实在论者中广受欢迎，但其实际影响甚微。首先，严格来说，一种论证方式若将自己要证明的结论当作了论证的前提，就是诡辩。因此，争论一方只是在"乞求"或祈求问题会以对他们有利的方式得到解决，而不是在提供能证明其观点的理由。此类诡辩的例子有：死刑是错的，因为处死这种惩罚形式并不道德。无奇迹论证显然不属于此类，因为最佳解释推理（前提）与科学实在论（结论）的原理并不相同。

其次，用宽松一点的标准来看，若争论一方的论证前提只有在人们先行接受其论证结论后才有理由接受，那么就是诡辩。但这一标准也不适用于无奇迹论证。显然，即便不与科学实在论联系到一起，人们也有理由接受最佳解释推理。

最后，对于诡辩有时也会有这种说法：如果争论一方不愿意或无法为自己所依赖的论证前提辩护，那就是诡辩。不过，实在论者是愿意为最佳解释推理辩护的，他们会用该推理方法在其他领域或日常生活中的成功案例来证明其合理性。当然，反实在论者也许不会轻易被说服，但这并不意味着他们对手的推理就是错误的。确实，只是坚称实在论者的前提是诡辩，无异于重现 19 世纪逻辑学家奥古斯都·德摩根（Augustus DeMorgan）所说的“对手谬论”（opponent fallacy）：“许多人有这种习惯，看到一个先进的命题，若发现如果该命题成立会导致问题也成立，就会立刻将该命题当作回避问题实质的诡辩。”

无奇迹论证并不是诡辩，但除“诡辩”之外，该论证还有一些更为严重的异议不得不面对。其中一个是，要解释科学的成功并非只有在真理和奇迹之间做选择一条路。以杰出的反实在论者巴斯·范·弗拉森（Bas Van Fraassen）为例，他给出了达尔文主义的解释：“我断言现有科学理论的成功并非奇迹。这些成功在达尔文主义科学家眼中不过稀松平常。因为任何科学理论都是自诞生伊始便身处激烈竞争之中，身处獠牙利爪鲜血遍布的丛林之中。只有成功的理论可以幸存，而这些理论其实都牢牢把握住了真实的自然规律。”

这一异议的提法很巧妙但具有误导性。如果我们所谓的“幸存”就是该理论被科学家们所接受，那幸存之说就无法解释该理论的成功。因为它之所以能幸存是因为科学家们判定它比其他竞争理论更成功：是成功解释了幸存，而非幸存解释了成功。这就好比，某个物种（或生物）在一段时间内更能幸存的理由是，该物种比竞争者在寻找食物、繁殖等方面更为成功，倒过来是不成立的。我们要解释该物种的成功，就必须给出令其善于寻找食物和伴侣的特性。实在论者认为，能够解释现代科学的成功，也能解释现代科学理论的幸存的这个特性就是真理。

此外，现代科学理论成功的方式往往比较“新颖”，并非是靠它最初被提出或被接受的理由。以爱因斯坦的狭义相对论为例，该理论准确预测了原子钟在高速飞行的喷气式飞机上会出现时间膨胀（时间变慢了），但该理论被提出及被接受的时间远早于此类喷气式飞机（或原子钟）出现的时间。做个类比就是，某个物种在它的生存环境改变后依然成功幸存了下来，但它的这一次成功幸存并不能用它之前幸存的原因进行解释。

尽管这些针对实在论论证的早期异议都不算确凿，但反实在论者也提出了两种论证，它们与无奇迹论证一样是基于直觉且有足够说服力的。第一个是根据科学史做出的“悲观归纳”（pessimistic induction），以逐步推翻实在论从经验成功得出理论真理性的推理方式。在任何一门科学的历史上，都充斥着不乏成功经验如今却被认为是大错特错的理论。以 18 世纪化学领域提出的燃素说为例，尽管自氧气发现后，现代化学就将该理论所依赖的理论实体否决了，但它确实曾因解释了燃烧、钙化等各种化学过程而大获成功。许多现已废弃的理论在它们各自的时代都曾经是成功的，比如托勒密的天文学理论（地心说和同心球体系）、热质说、笛卡儿的漩涡说、电磁以太、J. J. 汤姆孙（J. J. Thomson）的“梅子布丁”原子模型等。事实好像是，差不多所有主要理论最终都被推翻了，就连主导了科学界 200 年的牛顿理论也不例外。

因此，如果我们认真研究历史，那么从中归纳得出的合理推论应该是悲观的：从长远来看，我们现有的理论也将有被推翻的一天。实在论主张成功必须用经验事实去解释，而悲观归纳至少削弱了该主张的可靠性。正如哲学家拉里 · 劳丹（Larry Laudan）所说：“鉴于许多实在论者关心的是如何解释科学的工作方式，以及如何用该解释为标准评估自身认识论的充分性，他们必然也就提供不出真正的解释。”

再来谈谈实在论面临的第二个严重异议。大家回忆一下，休厄尔是认可假设推理这一超越现有证据范畴的理论的，而他的做法令穆勒感到忧心。穆勒担心的是，既然此类推理的证据对证明其假设不具有充分决定性，也就是说该证据没有指向任何独一无二的假设，那么同一证据就可能同时支持两种或多种截然不同的假设。但是，若真如实在论者所坚称的，证据可以给我们相信的理由，那么自然也可以给我们同时相信多种互相矛盾的假设的理由。

对此，休厄尔回应称，真正的科学过程中是不会发生“非充分决定性”（underdetermination）这一情况的，因此完全可以忽略这个问题。但他的这一说法正确与否并不确定。牛顿理论假设空间和时间是绝对概念，并因此假设了绝对速度，但我们会发现，根据这一理论做出的假设与根据另一版本牛顿理论做出的假设完全一致，而后者只用了一个原始的绝对加速度概念，并没有用到绝对空间或绝对时间的概念；亨德里克·洛伦兹（Hendrik Lorentz）的“绝对论”与爱因斯坦的相对论似乎必然会得出完全一样的观察结果，但洛伦兹坚持参考系的优越地位，这一点与爱因斯坦完全相反；还有，第 2 章曾提过的弦理论的多种“解决方式”虽各不相同，但似乎又具有经验对等性。

无论如何，只要有存在其他可替代推理的可能，就足以支撑穆勒的观点了，正如他所说：“正因为我们的经验中缺乏可供类比的事物，我们便不应该主观臆断、凭空猜测。”换言之，实在论的真正问题在于，它让认识论产生了混杂性，这种混杂性认可了可能同时包含不一致观点的情况。

这是当代许多反实在论者从非充分决定性的不良后果中所吸取的教训。他们认为，一个理论在经验上的成功并不足以说服人们相信它为真理，因为我们完全可以想出这样一个新的理论，它所做预测与原理论完全一致，但二者对不可见世界的主张是截然不同且互不相容的。应该相信的不是我们的假设本身，而是我们的假设其实是“对表现的收集”这一观点。

对非充分决定性所存在的基本问题，除了可用上面所举的历史上出现过的例子加以理解之外，我们还可以借助惯用的图表法，将数据点与曲线拟合。假设我们对某两个变量间的关系感兴趣，并在图表上记录了大量数据点，其中每个变量都有一个维度。对于任何数量有限的数据集，都有无数可与这些数据点相拟合的曲线（你不妨一试）。而这些曲线中只有一条能真正反映这两个变量之间的关系，但这些数据本身对我们判断“对的曲线是哪条”毫无帮助。

当然，我们可能更愿意选择自己觉得简单或“简洁”的工作方式，而这恰恰符合著名的“奥卡姆剃刀”原理：“如无必要，勿增实体。”既然如此，若有更直接的曲线可将所有数据点连接起来，又何必选择更迂回曲折的那一条呢？显然，“奥卡姆剃刀”原理有很大的实用意义，但它是否为我们提供了可供判断真理的依据呢？我们如何能提前预知自然就是简单的？再者说，若遇到的两个非充分决定性假设一样简单，就像两条之字形的小路，虽会经过同样的地点，但方向截然相反。这时，我们又该如何选择呢？

还有，在最现实的情况下，我们其实很难判断不同对象间何者更简单。以牛顿理论和爱因斯坦理论为例，我们能否因为绝对时间中只存在一种同时性关系而判断牛顿的理论更简单，或者因为爱因斯坦的理论中就连绝对时间都省去了，所以判断它更简单？在亚里士多德派学者看来，最简单的运动似乎应该是圆周运动，因为它的起点和终点是同一个，但在笛卡儿派学者看来，最简单的运动似乎应该是直线运动，因为它不需要改变方向。理论简洁与否或许主要取决于个人的主观感受吧。

将反科学实在论（scientific anti-realism）看作怀疑论的一种，是评估它的有效方法。怀疑论是一种我们知之甚少的古老哲学学说。反科学实在论可被理解为温和的怀疑论，因为它主张，科学并不能给我们提供可见世界以外的知识。其实，刚刚探讨的反实在论论证与两种经典的怀疑论论证非常相似，这两种论证在笛卡儿探索知识的新基础时曾用到。笛卡儿在《第一哲学沉思集》（*Meditations on First Philosophy*）开篇便谈到了感官："对那些欺骗过我们的，哪怕只有一次，我们也当谨慎些，再不要完全信任它。"这与悲观归纳很类似，悲观归纳强调的是，曾经"欺骗"过我们的科学方法，现在就不能再"信任"了，而这些科学方法欺骗我们的方式就是给出错误但有成功经验的理论。

后来，笛卡儿自己否定了这一怀疑感官的理由。即便过去因距离远、光线暗，他被感官骗了，但并不代表现在条件改善后，他还会受到欺骗。如果科学实在论者能够找到新旧理论支持条件之间的相关差异，也许便能用类似的说法回应悲观归纳的质疑。举个例子，实在论者可能会指出，与燃素说相比，氧气理论在更长时间内取得了更为显著的成功。

此处的问题在于，那些看似支持现有理论的标准，也许在长期来看是在误导我们。回顾过去时我们便知，人类对某些旧理论真理性的热情就是被错付了的。这是笛卡儿怀疑感官时所用的另一怀疑论论证的要点所在，也就是著名的"梦境假设"（dream hypothesis）："我清楚地看到，这世上从未有任何确凿迹象可以让我们区分清醒与梦境。"这与非充分决定性论证类似：无论是清醒还是梦境，我们都能获取感官经验，因此与无法确凿无疑地认定哪些感官经验为真一样，我们得到的同一经验数据也可以与众多不同的理论解释相吻合，因此我们应该承认自己确实不知道何种理论解释为真。

不过，在《第一哲学沉思集》的最后，笛卡儿又提出了一个新的关于梦境的观点，有点马后炮的感觉。此处，他的主张与早前截然相反，认为梦境与清醒之间存在一个“巨大差异”：“与清醒时的经验不同，沉睡时，记忆不会将梦境与其他一切生活行为关联起来。”换言之，清醒时的经验会构成连贯一致、互相关联的整体，但同一个梦境中都是破碎的片段，不同梦境间也并无关联。

实在论者也许会主张，被接受的科学理论与被丢弃或被认为是非充分决定性的替代理论之间也存在着类似差异：现行理论与其他理论和科学间有着千丝万缕的联系。以量子论为例，粒子物理学、化学、光学和宇宙学研究中都直接用到了该理论。而在所有可能曲线中，科学家们最终选择绘制到图表上的那些曲线势必会反映出其自身与其他研究领域间的关联。举个例子，若微波辐射波长和频率间的关系业已确定且确定良久，那么我们根据现有伽马辐射数据对其波长和频率间关系所做推断，就将与该确定模式相符。而被淘汰的旧有理论就推断不出这一结果了，同时，尚未提出的替代理论自然也与现在正进行的研究没有任何实际关联了。其实，旧理论也曾与其同时代其他理论彼此关联，未来某一天也可能出现新的理论替代现有理论，与那个时代的其他理论相关联。不过，现代科学间越统一、越融合，它们同为虚幻梦境的可能性似乎也就越小。

科学哲学新视野 PHILOSOPHY OF SCIENCE

科学实在论与有神论：意料之外的同道中人？

我已经说过怀疑论与反实在论之间存在相似点。宗教信仰与科学实在论之间有相应的服从关系吗？从历史上看似乎没有，因为在最杰出的反科学实在论辩护者中有一些就是有神论者：红衣主教贝拉明，他曾说天文学能够“解释表象”就够了；皮埃尔·迪昂，他曾说经验观察“没有将物理假说转变为颠扑不破的真理的力量”；巴斯·范·弗拉森，他曾说科学的目的不是追求真理，只是追求“经验适当性”（empirical adequacy）。

不过，范·弗拉森在其现代经典著作《科学的形象》（*The Scientific Image*）《温和的辩论》一章中提到，科学实在论者的论证方法与圣托马斯·阿奎那著名的证明上帝存在的“5种方法”类似。举个例子，阿奎那的“第1种方法”是，任何运动的物体都有推动者，但这个推动链不可能无止境地往前追溯下去，势必有第1个“不动的推动者”。阿奎那说，这个推动者“每个人都知道是上帝”。类似地，范·弗拉森认为，实在论者主张现象的规律性要用其他东西来解释，但“解释”链也不可能无止境回溯，我们必须“找到某样事物，它既可以解释自然现象的规律性，自身又不属于这种规律性之一”。解释链中的这个停止点就是实在论中的不动的推动者，就是现代物理学所假设的由不可见实体和过程构成的世界。

但是，正如范·弗拉森所说，这一实在论逻辑也遭受到了与阿奎那第1种方法常遭遇的类型相同的异议：如果推动链可以一直回溯到上帝那里，以上帝为终点，那么它为什么不能回溯到这个世界身上呢？

大爆炸为什么就不能是这个不动的推动者呢？类似地，如果解释链可以回溯到不可见世界的层次，那为什么不能早一点停下来，停在可见规律性的层次呢？科学为什么不能像贝拉明和迪昂建议的那样，只要“收集现象”就够了？

这就引出了实在论科学观的一个重大问题：用内在原因解释可见现象的这一目的是否会“一直深入下去”，没有终点？假设弦理论基本模型之一得到确证，似乎就会出现这样一个问题：要如何解释弦为何会以现在这种方式振动？也许科学解释的深度是没有终点的。阿奎那主张推动链不可能是无止境的，因为若没有第 1 个推动者，就会像少了启动曲柄的那只手，运动无法传递到任何一个齿轮处。这一担心似乎不适用于科学解释。即便解释不存在“最终”或最深的层次，但这并不影响我们给出较之前更高层次的解释。因此，姑且假定神学家的第 1 种方法与实在论者的“无奇迹”论证间存在表面的相似性，但我们无法确认它们是否必须共享同一个无法解释的解释者。

面对来势汹汹的反实在论批判，科学实在论也被迫做出了调整。一种调整方法是改良无奇迹论证，让论证的着眼点落在渐进而非真理上。如此一来，实在论者就不是从现有理论的成功推断出该理论就是实实在在的真理（或者非常逼近真理），而是纵观该科学领域的全部历史，找到对该领域越来越多的经验或技术成功的最佳解释，并推断出该解释与真理的相似度会随着这些成功的累积而越来越高。

举个例子，汤姆孙、欧内斯特·卢瑟福（Ernest Rutherford）、尼尔斯·玻尔（Niels Bohr）等人先后在20世纪提出了原子模型，而这些模型越来越完善，取得了越来越多的经验和技术成功，对此的最佳解释就是，这些模型正在不断接近这个世界，或者说不断接近真理。从托勒密到伽利略、牛顿、爱因斯坦，天文学也在不断取得新的成功，对此的最佳解释是我们的认识是真的在进步，即便我们与最终真理间仍隔着漫漫长路。

之前我们更熟悉的是“真理实在论”（truth-realism），而这里所说的也许可称作“渐进实在论”（progress-realism），波普尔对实在论的这一分支做了恰如其分的概括：“尽管在经验科学中，我们永远找不到足以让我们声称自己找到了真理的论证方法，但我们可以通过合理、有力的论证，证明自己正在一步步向真理靠近。”

渐进实在论没有真理实在论那么容易受到反实在论者的攻击。悲观归纳利用历史上众多成功但错误的理论动摇了从成功到真理的推理方式。若要以同样方式动摇渐进实在论的推理方式，反实在论者可能需要在历史中寻找越来越成功的、但并未带来真正理论进步的那些科学，并记录下来。如果历史中真的存在这样的案例，其数量也一定远比过去各领域成功但错误的理论要罕见得多。因此，用悲观归纳来动摇现代科学渐进实在论的论证基础也会薄弱得多。

渐进实在论也不太容易受到非充分决定性论证的攻击。前面已经说过，要发现或编造与特定理论经验对等但理论不同的替代理论是相对容易的。但面对一连串越来越成功的渐进理论，要找到与它们整体经验对等但理论不同的替代品就不那么容易了。再次以20世纪初的一连串原子模型为例。若只是针对汤姆孙 1904 年的“梅子布丁”原子模型，我们也许还能构建或构思一个能给出相同预测的替代理论。但若要证明渐进实在论是非充分决定性的，我们还需要提供能替代卢瑟福 1911 年“土星”模型、玻尔 1913 年量子化版本土星模型等的经验对等理论。

再者，既然渐进实在论者主张的是，对这些渐进理论经验进步的最佳解释是理论取得了切实进步，那么反实在论者就需要证明，那些替代理论中的理论过渡也同样能很好解释我们已知的经验进步。以卢瑟福原子模型为例，该模型的主要经验问题之一是，它预测绕核运行的电子会在其每一条可能轨道上发出连续的辐射光谱。但实验证明，这种原子（比如氢）只会留下某种“特征”频率。玻尔的原子模型则预测了“光谱线”的存在，因为该模型认为电子只有某些特定的运行轨道，而这些轨道之间存在着不连续的“量子跃迁”。因此，反实在论者不仅需要提供与卢瑟福原子模型和玻尔原子模型经验对等的替代理论，还需要证明这些替代理论彼此不同，以解释线状的特征光谱。简言之，要证明理论之间不断的改进是非充分决定性的，比只证明某一单独理论的成功是非充分决定性的要困难得多。

实在论还有一个版本，叫结构实在论（structural realism），它与渐进实在论有几分关联。该理论认为，现代科学要真实或“更真实”地描述这个世界，只能通过其数学结构，而非内在特性或本质。与渐进实在论类似，结构实在论也试图封锁悲观归纳的发挥空间。结构实在论者指出，过去最为成功的理论往往不会被全然抛弃，它的数学结构会被带入替代理论之中。举个例子，尽管詹姆斯·克拉克·麦克斯韦（James Clerk Maxwell）的电磁场理论否认了奥古斯丁 – 让·菲涅耳

（Augustin-Jean Fresnel）光学理论中认为以太是光透射介质的观点，但麦克斯韦方程与菲涅耳公式在数学形式上非常类似。光并不是以太中的波动，但其运动形式与麦克斯韦电磁场模型类似。

结构实在论将关注点从机制转移到结构、从内容转移到形式的目的是希望能够两全其美。一方面，它仍可以借助某种无奇迹论证：科学是越来越成功的，因为它牢牢把握住了世界真实的（数学的）结构。另一方面，它能够避开悲观归纳：现有理论保留了过去成功理论最重要的部分。

尽管结构实在论有这么多重要优点，但它也面临着严重的问题。首先，结构实在论者必须证明，理论的成功是源于其数学方面，而非其内容。这对物理学上一些非常数学化的理论而言也许是合理的，但我们很难弄清生物学、地质学、心理学等领域的成功理论要如何与其内容相剥离，并还原为数学公式。

其次，我们尚不清楚理论的结构和内容是否可以如结构主义者所认为的那样，干净利落地彼此剥离。现代时空理论中所用的数学量，比如连续的仿射变换，非常成功，因为它们适用于性质完全同构的世界，这些性质包括稠密、关联、四维等。在这种情况下，如果我们完全用数学形式去表示这些定律，似乎就是将该理论的所有内容都用数学语言详细描述了一遍。这样一来，结构实在论便名存实亡，变成渐进实在论了。

最后一点，若我们完全可以从理论的内容或性质中抽象出数学结构，那该理论剩余部分是否还应被看作科学呢？这个问题似乎就不好回答了。理论中本就有的那些结构，比如弦理论中的十一维空间，以及从生物学、音乐或语言学中抽象出的那些结构，在数学家眼里也许有着莫大的吸引力吧。但只有结构的理论是完全无法代表这个物质世界的，而代表物质世界又是实在论者眼中科学的全部意义之所在。

反实在论的不同版本

若我们不应将关于电子、暗物质、宇宙射线等的理论主张看作真理，甚至不应该将它们看作对这个世界“近似真理的”描述，那它们存在的作用究竟是什么呢？20 世纪初流行的工具主义（instrumentalism）也是反实在论的组成部分，该理论认为，我们最好将理论理解为组织经验的工具而非关于这个世界的明确主张。用迪昂的话来说，它们是“收集现象”的工具。举个例子，当一名粒子物理学家说一张云室照片显示一个电子的轨迹时，他其实是主张电子理论对解释这一现象以及类似现象很有用处。

工具主义得到了传统经验主义者以及约翰·杜威（John Dewey）等美国实用主义者的支持，前者是想避免加入假设实体，后者是惯于用实用主义分析概念。与工具主义密切相关的是想要为理论术语构建“操作主义者”（operationalist）定义的努力，这种定义仅指具体的实验过程。因此，“温度”所指的并非是不可见的分子运动，而是水银膨胀等各种测量结果，“智力”指的也不是某种内在的心智能力，而是可以在标准化测验中量化的表现。

工具主义面临的主要困境是，它对理论主张、概念的意义的描述看起来没有道理。绝大多数科学家将关于理论实体的主张看作对这个世界（正确或错误）的直接描述，而非对某种观念有用的间接称赞。他们确实常常会说某些描述比另一些更准确，因此也更有用，但并不会反过来说，因为有用所以准确。工具主义将理论解释为仅用于组织现有经验的工具，这种做法的怪异之处在宇宙学、古生物学等主要研究远古或遥远未来之事的科学领域里凸显无遗。宇宙大爆炸的概念，也许还有恐龙的概念，似乎都有一个固有特点：它们的存在早于任何人类经验。大爆炸理论确实有助于我们理解现有经验，比如星系红移、宇宙背景辐射，但这也是因为该理论所提及的是在遥远的过去给这些经验找到的假设性的原因。

根据工具主义，问弦理论是不是真理，与问西班牙语或青霉素是不是真理一样没有任何意义：这些都是为实现各种目的服务的工具，它们本身并非主张。因此，代表该理论的主张会被认为是对其有效性的声明。一个类似的反实在论版本是语义还原主义（semantic reductionism），该理论认为，理论确实是主张，但本是关于经验的主张，却被伪装成是关于不可见实体的主张。在还原主义者看来，说太空中某个地方存在黑洞，就等于是在详细说明我们应该期待在各种不同条件下会有什么样的经验（特别是在天文观测方面）。之前提到过，穆勒等古典经验主义者对假设是避而远之的。语义还原主义者允许使用假设，但会利用各种逻辑方法证明这些假设的内容或意义归根结底是经验主义的。

关于这一还原主义，20 世纪中期的心理学举出了一个富有影响力的有趣例子：B. F. 斯金纳（B. F. Skinner）及其支持者主张的行为主义。行为主义者在古典经验主义和逻辑经验主义的影响下，对弗洛伊德理论等抽象推理的心理学理论保持怀疑态度。这些心理学理论所假设的内驱力和影响力都是研究者以及病患自己所不可见的。因此，行为主义者企图将“信念”“欲望”等所有看似主观和描述内心活动的心理学术语都还原为客观的可见的行为。比如说“杰夫认为现在在下雨”可能会被还原为“杰夫将带雨伞去公司”“如果有人问，杰夫会说‘现在在下雨’”等。

尽管工具主义等语义还原主义为了将理论还原成可见行为，做了大量的技术性工作，但它并没有提供关于理论语言的可行构思。目前的问题是，理论概念往往内蕴丰富，可以被延伸并应用到它最初形成领域以外的其他领域中。以“基因”为例，这一概念由雨果·德弗里斯（Hugo De Vries）率先提出，用以描述“遗传单位”，这与孟德尔理论有类似之处，但在此之前德弗里斯并没有读过孟德尔的著作，孟德尔自己也从未使用过这个术语。此后，分子生物学的进步、人类基因图谱的绘制等一直在极大地丰富着也改变着我们对基因的理解。与还原主义思想背道而驰的是，“基因”这一概念似乎远比我们初看到时复杂得多。

行为主义同样也遭遇了困境。当我们说一个人“认为现在在下雨”时，似乎便暗示了无数可能发生的行为——带雨伞、戴帽子、咒骂天气预报员等。但这些行为真的会发生吗？如果她想要被淋湿，那么我们就应做出截然相反的行为预测。我们也许会试图对“想要被淋湿”进行行为分析，但还是会遇到同样的问题。此外，许多科学术语似乎只能用可能发生的现象而非实际发生的现象去解释。以“水溶性的”这个术语为例。它不可能只适用于已真正溶解在水里的物体，否则就意味着我还没有放入咖啡里的半包糖是非水溶性的。或许我们可以将物体的可溶性与让其遇水就会溶解的那些化学性质关联起来。但这似乎是将一个可见概念变成了理论概念，而非由理论到可见。

最后，还原主义存在的一个深层次问题是，为了能够将理论术语还原为经验术语，它预先假定我们可以清楚区分科学语言中哪些术语是经验性的，哪些是理论性的。正如我们已讨论过的，库恩等人认为，科学观察本身就是带有“理论偏见的”。举个例子，一名天文学家可能会指着哈勃空间望远镜拍摄的照片，说“看仙女座边缘的这颗白矮星”。他的这一观察结果其实是以知道大量天文学理论为前提的。当然，你也可以将这句话中的理论内容“清洗干净”，重新表述为看“这些深色线条边缘的这个浅色斑点”。但我们很难想象，若将天文学还原为一堆如此不得当的表述后，它还能成为一门有用的科学吗?

当代反实在论者中几乎没有人再坚持工具主义或语义还原主义了。不过，近年来，作为实在论替代理论的建构经验论（constructive empiricism）赢得了大量支持，它没有以往的经验主义理论那般激进。普林斯顿哲学家巴斯·范·弗拉森就是该理论的主要捍卫者。建构经验论驳斥了“理论无所谓真假”的这一工具主义观点，也驳斥了“理论术语是对观察结果的简约描述”的这一激进的经验主义观点。不过，建构经验论保留了这样一个经验主义观点：科学不要求你相信理论中那些超出可见范畴的部分。

该理论认为科学的目的是追求“经验适当性”，也就是关于可见世界的真理，而非关于不可见世界的真理。举个例子，假使我们发现将粒子物理学标准模型应用于粒子加速器和天体物理学的研究，可以完美地解释粒子加速器得出的数据和天体物理现象。那么，根据建构经验论，我们便有理由认可这一标准模型，将其应用到未来的研究中，对其进行投资等，但这些并不构成我们必须相信这世上真的存在夸克、轻子等的理由。

对于建构经验论，科学实在论者的主要炮火一直集中在可见与不可见的关键区别上。首先，该区别并不明显，就像随手划分的一样。举个例子，癌细胞和神经元在高分辨率显微镜下是可见的，但可能也被算在不可见范畴内。而从高分辨率显微镜到普通显微镜，再到放大镜、普通眼镜和我汽车上的偏振挡风玻璃，这之间似乎存在着连续性，即它们的显微能力在逐渐递减。我通过挡风玻璃看到的东西当然是可见的——那可见和不可见的区别到底在哪儿？反实在论者的答案是，没有明显界限并不能让可见和不可见的区别作废。尽管法定驾车年龄的确定可能也有点随意，但这并不代表我们应该给所有的学步儿童发放驾照。蝴蝶和行星明显是可见的，电子和暗物质则明显是不可见的。

不过即便是如此明显的例子，实在论者也根据人类感觉器官的特质提出了反对。如果我们的眼睛更敏锐或被植入了显微镜技术（这是有可能发生的，我将在第 6 章展开探讨），那么就可以看到那些小但近的事物了。相反，如果我们像树一样扎根在地里，那么即便是体积很大的事物，若距离遥远，我们便也看不见了。换言之，可见与不可见的区别是相对的。不过，这对建构经验论者来说并不算真正的问题，因为他们关心的并非这么科幻的人类变异体，而是我们，特别是我们“学术界”的成员有理由相信的事。因此，建构经验论等同于经验主义形式的对不可见世界的怀疑论，它将随着上文探讨过的实在论与反实在论论证而一荣俱荣，一损俱损。

我们已探讨过的这些反实在论版本与实在论有一个共同点，它们都坚定主张科学的目的是提供关于自然界的真实且客观的知识。反实在论者只是将这些知识限制在了可见世界的范围内。反实在论的终极版本是概念相对主义（conceptual relativism），它完全抛弃了“科学对世界的描述不依赖于理论”的观点。其实概念相对主义观点在上一章曾出现过，只是一笔带过了：库恩曾激进地认为科学革命在“改变世界”。在库恩看来，科学家的概念和观察结果都是由其研究所使用的范式所构造的，因此，科学探究领域没有所谓的“范式中立”。

此外，不同范式之间的概念分歧往往非常巨大，让我们难以将一种理论中的术语和定律转换到另一种理论中去。以时间的概念为例，时间在牛顿的物理学中是不变量，不受运动支配，而在爱因斯坦的物理学中，时间是变量，且取决于相对运动。与时间一样基础的质量和空间概念，在这两种理论中也有巨大的区别。正是由于概念、观察结果和范式更替方法间的这种“不可通约性”（incommensurability），库恩提出我们必须放弃一些传统观念：一是存在一种“全面、客观、真实的自然解释”，二是“范式变化会让科学家和师从他们的人越来越靠近真理”。

库恩的相对主义只适用在科学范畴内。而且对于那些受他的研究启发而提出的更为激进的相对主义，他都予以了批判（参见第 5 章）。但我们还是应该了解一下更广义的概念相对主义，因为一如我将在下一章探讨的，相对主义论证让许多人得出了这样一个结论：科学、宗教、艺术等所有认识方式都是有效的，无分优劣。在《科学革命的结构》中，库恩提到的为数不多的哲学家之一便是纳尔逊·古德曼。古德曼试图利用逻辑分析工具证明这世上不存在绝对独立于“解释”或“描述”的事实。举个例子，古德曼在自己的著作《构造世界的多种方式》（*Ways of Worldmaking*）中主张，我们可以根据宇宙的地心理论或日心理论提问“太阳是否是运动的”，但不能脱离所有理论来问这个问题。

> 如果我问你关于这个世界的问题，你可以告诉我它在一个或多个参照系下是什么样子；但如果我坚持要你抛开所有的参照系，你还能回答些什么呢？我们被局限在对所有事物进行描述的方式之中。也就是说，我们的宇宙是由这些方式所构成的，而非由一个或多个世界所构成的。

实在论者也许会承认，运动是依赖于描述的，因为事物是运动或静止似乎本就是一个相对的问题，就像问事物是大是小一样。以日心说为例，即便在日心模型中，太阳相对于其他恒星也是运动的。不过，有些问题就不是描述性问题了，比如太阳和月亮是不是球体，它们是固态还是气态，它们上面有没有生命栖居等。不过，古德曼坚持认为，这些五花八门的分类方式本身就是人类创造的，而非只是人类的发现："物质、能量、波、现象等这么多构成世界的原料都是在构造世界的过程中与这些世界一并构造出来的。"

"人类的描述'创造'了这个世界"的论点确实激进，而它产生的一些重大影响无疑值得我们谨慎对待。举个例子，如果构成太阳和月亮的物质是由我们的描述创造的，那么自然可以得出一个结论：在人类对这些物质进行描述前，太阳和月亮都是不存在的。再者，如果事实是与描述相对应的，那么关于同一问题似乎就会存在不同的事实：根据现代粒子物理学，世界是由一维振动弦构成的；根据古代中医理论，世界是由气构成的；根据泰勒斯的哲学理论，世界是由水构成的。如此一来，科学对世界的描述就与神话或童话一样，失去了合理性。

然而，古德曼否认自己的多元论观点削弱了科学的根基："多元论绝对不是反科学，而是认可科学全方位的价值。”对此，库恩是认同的。然而，在库恩和古德曼的概念相对主义鼓励下，最近流行着这样一个观点：科学只不过是不依赖于特定客观真理主张的“社会建构”（social construction）。这些观点将是我在下一章探讨的主题。

还原和统一

除了理解这个世界本身，或至少理解它呈现给我们的表象之外，科学还可能有什么其他的根本目的呢？从最早的米利都学派宇宙论（泰勒斯声称“万物源于水”），到最近为融合量子理论和相对论而做出的努力，科学一直都痴迷于找到终极“万物理论”（theory of everything）的梦想。这个梦想有两个维度，我们应该分开看待：统一和还原。

统一是指在同一门科学内，将之前业已包含在不同概念或定律内的两种或多种现象归于同一个分析之下。举个例子，最近生物学上取得了一个具有里程碑意义的成就：发明了融合达尔文进化论与孟德尔遗传学的“现代综合论”（modern synthesis）。一方面，达尔文虽然发现了自然选择机制，但没有发现这些适应性特征到底是如何遗传的，也没有发现推动进化的随机变异到底是如何出现的。另一方面，后来的生物学家虽然根据孟德尔的研究成果对个例中的生物基因遗传和变异有了更清晰的理解，但却无法将这一理解与物种形成这种大规模的、长期的演化变化相关联。1930 年，群体遗传学领域开始用复杂的数学方式描述遗传变化，并成功展示了小规模遗传过程如何彼此结合，并最终产生野外博物学家所熟悉的大规模演化变化的。

另一个重要统一源自 17 世纪的力学领域。亚里士多德认为天上和地上遵循着不同的自然规律，此后数百年间的物理学一直在其假设的指导之下发展。其中尤其重要的假设便是，天体的运动都是圆形的、永恒的，地上的运动都是向着地球中心的、最终会静止的。后来，经过伽利略和牛顿的详细研究，人们终于发现，所有运动本身都是持续的、直线的，若运动状态发生改变，定是有具体的力存在。行星、抛物体和钟摆的运动都部分地表现了运动的这一普遍本质。

还原则企图证明某一科学领域的概念和定律可以直接由另一更基础的科学领域的概念和定律得出。“更基础的”科学研究的通常都是更细微、更普遍的实体和过程。举个例子，还原主义者也许会尝试证明心理学可以还原为神经生物学，因为据我们所知，所有的大脑都是由神经元构成的；或者尝试证明化学是可以还原为物理学的，因为化学过程和化学结构都是由原子等物理过程和物理结构构成的。另一类还原并非发生在不同科学之间，而是发生在同一门科学的不同层次间。例如说，牛顿有办法证明从他的运动定律和万有引力定律（一般性定律）能够推导出已获公认的开普勒轨道定律、伽利略自由落体定律等力学定律（具体定律）。

与统一一样，个例中的还原也可以为研究领域拨开重重迷雾，为将来的研究提供方法。举个例子，从 17 世纪开始，气体中气温（T）、体积（V）和压强（P）的关系经实验图表记录，发现符合如下定律：

$$PV = rT$$

其中 r 是常数。

19 世纪时，科学家证明“理想气体”定律可以根据气体动力学理论得出，该理论将气体看成是微小的分子，这些分子遵循热力学和牛顿力学定律，以不同的速度发生碰撞。该定律描述的是“理想”气体，因为这些理想化是完成推理所必需的，比如说，这些气体分子必须被视为完全弹性的质点。不过，这种还原有效地解释了为何会得出这一气体定律。因此，科学界往往欢迎这样能够发现理论之间连贯性和新观点的成功的统一和还原。当然，失败也可以是有益的。举个例子，笛卡儿曾试图证明，引力可以根据他提出的基本观点得出，他的观点是：整个太空充斥着各种大小的物体，它们彼此之间是直接接触且相互作用的。但无论是笛卡儿本人还是其支持者都没有给出貌似合理的还原，而他们的这一失败加快了人们接受非还原主义的牛顿万有引力理论的速度。

除了用以指导特定研究项目之外，统一和还原有时还会被宣传为科学最终目的和意义的普遍理想。许多20世纪初杰出的科学哲学家都投身了“统一科学”（Unity of Science）运动，正如《统一科学百科全书》（*Encyclopedia of Unified Science*）的主编们所说，该运动希望“用特殊的逻辑技巧将所有科学术语还原为一种术语”。不过这种大规模的还原主义面临着诸多哲学困境。尽管该理论是基于一个貌似合理的假设——社会学、心理学和生物学中所研究的复杂系统终究是由物理实体和过程所构成的，但我们尚不清楚在所谓“特殊科学领域”发现的定律和概念是否必须还原为在自然科学领域发现的定律和概念。

一方面，越复杂的过程越是与其所处领域的背景相关。某一生物体内的基因如何表达，或某一个人身上的精神疾病会如何发展，都取决于诸多不同的因素，这些因素并非只与基因和神经元有关，还包括了存在于该生物体内的其他生物学因素和此人所处的社会环境等。

另一方面，特殊科学领域的定律和过程似乎都是“多重可实现的”，也就是说，截然不同的物理系统可以等效地满足完全相同的定律。哲学家杰瑞·福多（Jerry Fodor）以经济学上的格雷欣法则（Gresham’s law）为例，对此进行了说明。该法则认为，当市场上同时流通2种货币时，商品价值更低的货币终将充斥市场，比如纸币终将取代金子。福多指出，假设该法则站得住脚，那么能满足该法则的货币将数不胜数，硬币、纸币、支票、粮食、“贝壳”等都将包括在内。这些货币的物理性质千差万别，但它们都能满足格雷欣法则，这意味着该法则是无法还原为物理学定律的。这种多重可实现性对解决某些心理学问题也至关重要，比如，大脑与人类大脑差异巨大的生物是否可能拥有与人类类似的思维方式。

因此，我们可以说，统一和还原的价值应该视具体问题具体分析，且判断的标准应该是自然本身而非某种先验哲学的意识形态。甚至一些自然系统的某些特征可能都是从其最终构成要素中涌现而来的。比如说意识，它具有意向性、自我意识等特征，但这些特征是无法在神经元或分子层面找到的，因此，它可能是从大脑中涌现的。从这个意义上来说，涌现论（emergentism）无须证明意识与大脑不同，只需证明因大脑而产生的特征并不一定与神经化学有关即可。一些涌现论者还认为，在同一个系统中，上层要素可以影响下层要素，就像整体经济的通货膨胀趋势会让消费者个人感到焦虑一样，这种焦虑感又会触发其体内的一些神经和肌肉活动，让其决定在价格上涨前把现金花出去。

另一种替代还原主义的理论是多元主义（pluralism）：接受并鼓励从多种不同理论角度研究同一个自然系统。比如说精神疾病，我们可以同时从认知角度和神经生理学角度对其进行研究，因此此类疾病的治疗也可以同时采用心理和药物手段，无须二选一。然而，也有一些领域是多元主义难以立足的。以基础物理学为例，该领域科学家之所以想要找到万物理论并非只出于自己对统一性的痴迷，也是因为广义相对论和量子理论之间存在着重大分歧，它们描述物质世界特征的方式截然不同、互不相容。不过，多元主义立场对研究科学的社会和政治维度很有用，这一点在下一章就会提到。尽管近来后现代科学的“解构”引发了激烈争议，但最终事实也许会证明，科学其实同时包含着社会建构和我们对这个世界最真实、最客观的描述。

要点总结

1. 科学实在论要求现代科学理论真实地描述这个世界。科学预测的巨大成功和科学技术的巨大进步是科学实在论最有力的证据。
2. 无奇迹论证认为，实在论是对现代科学经验和技术成功的最佳解释。对此，反实在论者提出了两种严重的异议：“悲观归纳”和“非充分决定性”。
3. 工具主义和行为主义不再流行之后，反实在论者提出了反实在论的终极版本“概念相对主义”。激进的相对主义者认为，科学、宗教、艺术等认识方式同等有效，无分优劣。
4. 除了理解世界，科学还一直痴迷于找到终极“万物理论”的梦想。这个梦想有两个维度：统一和还原。
5. 统一和还原的价值应该视具体问题具体分析，且判断的标准应该是自然本身而非某种先验哲学的意识形态。

PHILOSOPHY OF SCIENCE

A BEGINNER’S GUIDE

第 5 章

科学的社会维度

科学知识和好莱坞制作的电影有何共同之处？如果科学家这一人群中有更多的女性，科学会变得怎样？价值观是如何影响科学的？

科学，其本质是一种人类活动，而人类，按亚里士多德的话来说，“天生是社会动物”。即便是神话中孤独的天才，或“疯狂的科学家”都必须从他处获得教育。笛卡儿和牛顿都是科学革命中最为杰出的代表之一，他们重视孤独，也正因如此笛卡儿才频繁更换地址，但他们也会以通信和阅读方式了解他人的研究成果，并从中吸取了大量的经验，获得了大量的启发。对此，牛顿有一句名言：“如果我看得比别人更远，那是因为我站在巨人的肩膀上。”此话出自他给同侪科学家胡克的信中，他们二人后来在学术上有过激烈的争吵。尽管牛顿说过这样一句话，但无论是他还是笛卡儿，他们都不太乐意承认自己对他人知识的借鉴。那些将自己与周遭社会剧变隔离的早期科学家们也是如此。笛卡儿经历过的社会剧变有三十年战争和宗教法庭，牛顿经历过的有英国内战和光荣革命。17 世纪的欧洲，学术和文化环境动荡，基督教内部分裂，全球贸易崛起，各国内战和宗教战争频发，这一切都深深影响着现代科学的早期发展。

科学是社会的组成部分，因此也会受到社会力量的影响。科学是一个社会过程，且该特质正日益凸显。哥白尼、牛顿和笛卡儿都是在半封闭的环境下工作，爱因斯坦早年的研究也是如此。不过，如今的大学实验室，或私营研究机构，通常都是数十位甚至数百位科学家一起共事，且有各自具体的分工。而且先进研究中往往涉及复杂技术，也就少不了大量技术助理的协助了。在现代科学发展过程中，业余科学家和独立学者也发挥着重要作用，约瑟夫·普里斯特利和格雷戈尔·孟德尔就是两个很好的例子；不过，如今，几乎所有的科学家都有博士学位，且隶属于某个学术或行业机构。在美国，科学研究经费的来源有美国国家科学基金会（NSF）、美国国立卫生研究院（NIH）等公立机构，也有私营的研究机构和企业，它们有各自的目的和责任。研究成果若要发表，需先经过同行评审程序的评估，然后由高度专业化的期刊刊登。在许多领域，一篇研究论文的作者可达 20 多位，他们的名字会严格按等级排列，就像电影片尾的摄制人员名单一样。科学知识就像好莱坞制作的电影，或立法机构制定的法律，也是复杂社会网络运作的成果。

社会建构主义

正因为如此，科学的社会维度一直都是重点研究对象，这一点在各社会科学学科业已成熟的 20 世纪尤为显著。起初，科学社会学的研究重点是科学技术进步所带来的社会影响。不过，很快，社会学家们就开始转而研究科学本身的社会维度了。该领域的先驱之一是罗伯特·K. 默顿（Robert K. Merton），他提出了一个理论，后来被称为默顿命题（Merton's thesis）：与德国和英国新教教义有关的社会准则正是西欧现代科学出现的主要推动力，这些准则包括公有主义（communalism）、普遍主义（universalism）、无私利性（disinterestedness）、原创性（originality）和怀疑主义（skepticism），统称 CUDOS。由此看来，科学与其所处的社会环境是密不可分的。

不同社会学学派之间彼此竞争，为科学提出了不同的社会解释。举个例子，马克思主义者强调的是社会力量，而另一些学派探究的是科学与民主崛起之间的关联。不过，一般来说，这些早期的社会学方法更关心如何用社会学解释科学的起源及其体系结构，而非科学的方法和内容。若用电影行业作比，可以说他们企图解释的是好莱坞片场制度的崛起及其投资电影的方式，而非制作电影的风格和主题。此外，早期社会学家倾向于假设科学的结构和动力与整个社会不同，且该差别正是那些独一无二的科学成果的诞生源泉。

后来诞生的科学社会学则一直深受托马斯·库恩研究的影响。库恩重点研究的是政治革命与科学革命之间的某些相似之处，以及有几分教条且以范式为中心的科学教育的本质，但他从未详细探讨过影响科学的社会力量。相反，他和默顿一样，强调的是科学，尤其是“常规科学”独一无二的力量。在库恩看来，常规科学是一种社会现象，但它被“隔离”在更广阔的社会之外，而这种“隔离”对其技术的效率和进步来说必不可少。

不过，库恩批判了科学方法中主流的逻辑模型，这令社会学家们倍感鼓舞。如果历史证明了纯理性考虑因素在重大科学变革中只发挥了次要作用，那么其他解释，尤其是社会学解释，就能够去竞争主要作用这一位置了。新兴的科学知识社会学（Sociology of Scientific Knowledge，简称 SSK）所力图解释的正是，社会因素对科学结果、科学理论、科学技术的决定作用并不亚于它对科学动力和科学组织结构的决定作用。

一些早期的科学知识社会学流派局限于解释科学的错误。举个例子，在纳粹时期，德国物理学界的一些人无视量子理论显而易见的优越性，仍固守传统观念，而这一固执来源于他们对所谓的爱因斯坦和玻尔的“犹太科学”的反感。他们认定，虽然社会学可能可以解释科学的错误，但科学成功的原因只有一个，就是对真理的理性追求。不过，20 世纪 70 年代时，爱丁堡学派与巴斯学派的一众学者提出要用“强纲领”（strong programme）取代科学知识社会学中的“弱”纲领。大卫·布鲁尔（David Bloor）提出了他的强纲领宣言，其核心点是如下命题：

对称性命题（Symmetry Thesis）：科学知识社会学应“在解释式样上具有对称性。同类原因既可以解释正确的信念，也可以解释错误的信念”。

正如在宗教社会学或宗教人类学中一样，对科学实践或信念的正确性或合理性的假设不应该影响对其因果关系的解释。

在对很多科学领域历史案例的研究中，强大的社会学方法已有应用，并揭示了经济、政治、殖民、性别方面的社会力量和利益对重要科学争论及发现的影响。最近的一个著名案例是史蒂文·夏平（Steven

Shapin）和西蒙·谢弗（Simon Schaffer）所著的《利维坦与空气泵：霍布斯、波义耳与实验生活》（*Leviathan and the Air Pump: Hobbes, Boyle and the Experimental Life*）。在该书中，他们研究了 17 世纪时英格兰对真空问题的实验调查。

从表面上看，哲学家托马斯·霍布斯与罗伯特·波义耳间的这场争论只关乎一个简单的科学问题——真空的存在。波义耳认为，实验室可以制造出真空，但霍布斯坚持“自然界厌恶真空”这一传统观点。夏平和谢弗证明了，这场争论其实牢牢牵扯着另一个涉及更广的问题：什么样的方法论才适合科学知识社会学这一新兴科学。波义耳倡导彻底的实验主义方法，霍布斯则青睐逻辑和理论推理。正因如此，霍布斯才拒绝接受波义耳所做的实验，认为这些实验是对自然界的人为扭曲，是不可靠的，且与真空是否存在这一根本问题毫无关联。

其实，这场关乎方法论的争论所体现的正是英国内战刚结束时政治上对知识控制的不确定性。波义耳所属的英国皇家学会也支持实验主义方法论，该方法论强调了一个协作且可错的科学知识概念。这一方面反映了他们对用民主的议会制度代替君主专制的支持，另一方面也反映了他们对宗教狂热者顽固不化的教条主义的反对。但是，霍布斯曾在其著名的政治哲学著作《利维坦》（*Leviathan*）中为君主专制辩护，他害怕“以大多数意见为依归”可能会让科学犯错，让社会重新陷入混乱和冲突。他还怀疑，作为学界中大多数的实验主义者，支持少数服从多数就是他们镇压其他知识分子异议的诡计。

尽管从表面上看，波义耳 – 霍布斯争论的起因、内容和最终解决都是纯粹的事实，但要理解它们，就不能不考虑双方在英国复辟时期动荡的社会和政治事件中所发挥的作用。夏平、谢弗从中得出了关于科学知识的一般性结论，这个结论十分容易挑起争论。就性质而言，关于真空、关于自然界的事实，与关于人类风俗、法律和政治忠诚的事实没有什么不同。自然事实并不是“就在那里”等着被发现而已，它们也是在复杂社会关系中建构或制造而成的：“我们所有的知识都来源于我们自己，而非事实。”下一步，我将探讨这一观点：科学知识的本质是社会建构。

严格说来，强纲领在实在论和相对主义孰优孰劣的传统哲学问题上应该是中立的，因为它关心的是科学信念的形成原因，而非它们是真是假。不过，强纲领的支持者通常有相对主义倾向，且明确反对主流科学哲学的实在论和理性主义立场。除库恩外，强纲领的其他许多倡导者也受到了米歇尔·福柯（Michel Foucault）、加斯东·巴什拉（Gaston Bachelard）等法国哲学家的影响，这些法国哲学家们更感兴趣的是与社会和心理力量相关的科学威信的历史建构，而非抽象的科学方法和科学进步的本质问题。同样影响了他们的还有哲学家路德维希·维特根斯坦（Ludwig Wittgenstein）的哲学批判，他批判的是哲学中太过追求普遍性、太过停滞不前的意义探究方法。在维特根斯坦看来，意义是社会在使用语言的过程中，即我们所谓的“语言游戏”过程中所确定的，意义的确定与它是否与柏拉图式的形式或本质一致无关。

上述这些不同倾向最后都统一为“后现代主义”观点，该观点反对传统的知识概念，即知识是客观实在的主观反映，或知识是“自然的镜子”。它还一并抛弃了相关的现代哲学价值观，比如实在论、客观性、理性主义和对进步的热衷。总的来说，让 - 弗朗索瓦·利奥塔（Jean-Francois Lyotard）等后现代主义者驳斥一切有关科学的“大包大揽的哲学叙述”，比如实在论和归纳主义，他们重点关注的是历史实践和文化实践。

1979 年，英国社会学家史蒂夫·伍尔加（Stephen Woolgar）和法国哲学家布鲁诺·拉图尔（Bruno Latour）共同出版了《实验室生活：科学事实的社会建构》（*Laboratory Life: The Social Construction of Scientific Facts*），并在书中提出了一种有趣的方法，既包含了社会学方法，又遵循后现代主义观点抛弃了传统哲学。伍尔加和拉图尔对加利福尼亚州索尔克生物研究所内的一个现代细胞生物学实验室进行了研究，所采用的方法可能类似人类学家研究土著文化，他们近距离观察并记录了研究人员从项目开始到最终成果发表期间的一切工作行为和互动。他们甚至绘制了实验室地图，以追踪“当地人”一天中的活动轨迹。拉图尔和伍尔加对科学的描述与波普尔、亨普尔的逻辑抽象相去甚远，比库恩对常规科学的描述更为详尽、具体，他们认为科学是一个由竞争、谈判、物质交换、数据篡改、身份制造构成的复杂网络。他们和夏平、谢弗一样，也断言科学事实不是被发现或被反映出来的，而是被建构出来的，以人体内的促甲状腺激素释放激素（TRH）为例：“该激素不仅会受社会力量影响，它还是由微观社会学现象所建构并构成的。”

社会建构主义的科学分析催生了一种更全面的跨学科研究方法，即“科学论”（science studies）或“科学技术论”（science and technology studies），该方法在对科学实践的研究中结合了历史学、人类学、文学、后殖民主义和女性主义的视角。科学论在 20 世纪 70 年代和 80 年代开始盛行，也有人将其与“文化研究”（cultural studies）联系起来，后者有着更广泛的学科定位，以批判理论和左翼政治为根基，是明显的后现代派。尽管许多科学哲学家赞同科学论对极端理性主义的批判，但在传统哲学中几乎找不到支持科学论的理据，这一点当然也在意料之中。

主流科学家往往认为社会建构主义科学观是孤陋寡闻、故弄玄虚的。当然也有人怀疑科学论学派是反科学的，怀疑其目的是破坏科学的良好声望和权威。这一激烈的学术争议在 1966 年进入高潮，当时，纽约大学物理学家阿兰·索卡尔（Alan Sokal）在《社会文本》（*Social Text*）科学主题专刊上发表了一篇《跨越界线：通向量子引力诠释学》（*Transgressing the Boundaries: Towards a Hermeneutics of Quantum Gravity*）的论文。《社会文本》是文化研究领域的主要期刊之一，作为文化研究的怀疑论者和观察者，索卡尔模仿该学科的论文风格和术语，将这篇满纸荒唐的论文伪装成了对尖端物理学的正经分析。下面摘自该文引言部分：

> 正如我们将看到的，量子引力学上的时空流形不再是一个客观的物理实在；几何学变成了相关的、语境式的；以往科学中的基本概念分类，包括该分类的存在本身，都成了有问题的、相对的。我将证明，这一概念革命已经对未来后现代主义解放科学的内容产生了深远影响。

在《社会文本》刊出这篇论文的同时，索卡尔又在学术杂志《大众语言》(*Lingua Franca*)上发表了一篇自白文。他解释了自己发表该论文的目的，一是揭露文化研究在批判科学时完全罔顾理智，“《社会文本》的编辑们显然是觉得刊登量子物理学论文前无须咨询该领域的专家”；不过，更重要的是要强调建构主义思维所存在的理智和政治风险：

> 尽管我用的是讽刺的手段，但我的动机再严肃不过。我担忧的不仅仅是本质上荒谬草率的思维的激增，还有特定类型的荒谬草率思维的激增：这种思维否认客观实在的存在，或（只在遭遇质疑时）承认客观实在的存在，但又故意淡化其与实际问题的相关性。最理想的情况是，《社会文本》这类期刊可以提出令任何科学家都无法忽视的重要问题，比如说，企业投资与政府拨款会对科学研究工作产生何种影响。令人遗憾的是，认识相对主义未能进一步推进这些问题的探讨。

这场骗局一是引发了全球媒体的大量关注，在此之前，科学实在论并不常见于国际新闻媒体的报道中；二是引爆了大规模争论，这场争论也被称为“科学战争”(science wars)。《社会文本》的编辑们先是向读者表达了歉意，然后解释称，该期刊一直以来的“编辑标准和目的都与专业科学期刊的标准和目的相去甚远”。不过，他们随后也指出，这一期《社会文本》有许多杰出的科学论学者的参与。他们还抨击了索卡尔用“欺骗手段”表达自己观点的做法，时任《社会文本》出版方杜克大学出版社的负责人斯坦利·费希（Stanley Fish）也对其行为进行了批判。史蒂文·温伯格（Steven Weinberg）等科学战争的老将们则是利用这一骗局揭示了“一个问题，该问题不仅存在于《社会文本》的编辑惯例中，也存在于一个更广泛的知识分子群体所秉持的标准中”。他所说的这个知识分子群体就是科学论学派。

科学哲学家们对该骗局的反应则要矛盾得多。一方面，他们中的许多人支持索卡尔批判某些科学论作者不严谨的相对主义思维，以及他们不时表现出的对科学的无知。在哲学界，关于实在论的争论由来已久，众人皆知，但后现代主义者的立场却只建立在晦涩的形而上学、时髦的政治学和对库恩的误读之上。库恩确实曾在自己的回顾之作《结构之后的路》（*The Road Since Structure*）中写道：“有些人业已发现强纲领主张之荒谬：它们正是解构走火入魔的实例。我便是这些人中的一员。”

另一方面，这些哲学家也担心索卡尔这出过分夸张的嘲讽闹剧可能伤害到那些用社会学方法得出的货真价实的真知灼见。因此，菲利普·基切尔（Philip Kitcher）在《为科学论辩解》（*Plea for Science Studies*）一文中呼吁人们关注近代科学论学者们所著的“大量重要论文和书籍”，这些文献中提供了科学实践者们疏漏了的崭新的科学实践视角。

我们应该从索卡尔事件中吸取什么教训呢？温伯格认为这个问题的重点并不是文化研究期刊所用的同行评审程序是否公正，而他似乎是对的。即便是物理学期刊也容易遭遇欺诈，这一事实也许会让《社会文本》的编辑们感到些许安慰。不久前，伊戈尔·伯达诺夫（Igor Bogdonov）和戈里科卡·伯达诺夫（Grichka Bogdonov）兄弟两人在粒子物理学权威期刊上发表了多篇论文，但众多专家认为这些论文不过是用技术术语胡乱堆砌而成。2005 年，麻省理工学院计算机科学专业的两名本科生用计算机程序生成了一篇论文《根程序：有关接入点和冗余的典型统一方法论》(*Rooter: A Methodology for the Typical Unification of Access Points and Redundancy*)。这篇论文莫名其妙、文理不通，却被某国际学术会议接受了。每年，数以千计的学术期刊和学术会议都要评审不计其数的论文，若真是从未有骗子溜过同行评审这道关卡，那才是奇事一件了。

不过，与温伯格一样，索卡尔是将自己论文被接受一事看作了证明整个文化研究领域失败的证据。在他看来，《社会文本》评审程序的疏漏完全是因为文化研究是用相对主义和后现代主义的态度在对待传统的真理和客观性观念。他能够轻而易举地将自己的胡言乱语伪装成严肃的学术研究固然有缺乏外部科学家评审的原因，但这也揭示了后现代主义科学批判已背离严谨的学术标准到何种程度。索卡尔写道："难怪他们没有花时间去咨询物理学家。如果一切都是话语和'文本'，那么关于真实世界的知识都是多余的，就连物理学都会变成文化研究的又一分支。此外，如果一切都是虚华辞藻和'语言游戏'，那么内部的逻辑一致性也成了多余：只要有点理论复杂性的样子就足够了，作用是一样的。"

针对这一指责，《社会文本》的编辑们可以作出两种貌似合理的回应。第一，不能仅仅凭借这篇论文评审粗心的事实就得出其原因是该刊物秉持相对主义认识论的判断。这些编辑粗心的原因也许与物理学期刊和计算机科学会议的编辑们粗心的原因一样。索卡尔自己也承认他的这个实验是"不受控的"，也就是说，我们无从得知在类似情况下若换一个非相对主义的编辑，这篇论文还会不会被接受，因此，此处并没有足够证据说明出现该问题的真正原因。第二，也是更重要的一点，这些编辑可能只是不接受索卡尔所呼吁的传统的学术严谨标准。如果一切真的只是社会建构和语言游戏，那他们完全可以拒绝玩索卡尔提出的学术严谨和同行评审的“语言游戏”。不过，这种回应虽具有逻辑一致性，但会给社会建构主义者制造巨大难题，这一点我们马上就会看到。

尽管索卡尔的骗局本身并不能证明科学论是错误的，但它无疑引发了一些人对最极端的社会建构主义形式的合理性和一致性的深切担忧。首先，建构主义对我们长久以来形成的对这个世界的常识性观点造成了不寻常的影响。似乎说氧气和促甲状腺激素释放激素是在现代化学实验室中建构的，与说燃素和热质是在 19 世纪化学实验室里建构的没有区别。所以是世界变了：过去，蜡烛燃烧是释放燃素，现在是消耗氧气。促甲状腺激素释放激素是自索尔克生物研究所研究员在实验室里将其建构出来后才存在于我们大脑中的。13 世纪时，太阳和行星确实是在一个多层水晶球里绕着地球旋转，因为当时的自然哲学家就是这么建构天空的。不过，若将此类观点应用于研究久远过去的科学领域，就显得格格不入了。若说前寒武纪或宇宙大爆炸是社会建构的，那就说不通了，因为这些科学概念本身的含义之一就是，它们的存在远早于任何科学的诞生。

当然，绝大多数科学似乎会玩这样的“语言游戏”：自己所研究的对象并不是社会建构的。那从建构主义的角度来看，他们这话本身到底是不是在建构？无论答案是什么，有一点似乎是明确的，社会建构主义将库恩所说的“科学变则世界变”的比喻性言论太当真了，过于纠结其字面含义了。

绝大多数版本的社会建构主义并没有极端到说出“当且仅当科学家相信电子存在，电子才存在”这种话。就连拉图尔的态度也有了改变，最近他在深思全球变暖这一“事实”时，似乎已承认某些科学事实有与生俱来的“固体性”：“批判有一定固体性的对象是无用的。你可以批判不明的飞行物或奇异的神明，但不能批判神经递质、万有引力和蒙特卡罗算法。”

从较为温和的建构主义角度看，引力和电子的存在也许并不依赖于科学理论，但它们的特殊性质是由研究它们的科学过程决定的。电子和引力显然是自远古时代就存在的，但它们的存在方式在亚里士多德眼中，和在当代物理学家眼中必然是不同的。普通的古老岩石就在那里等待科学家的研究（和被懈怠者抛弃），不过，正如伊恩·哈金（Ian Hacking）所说，白云石的存在取决于现代地质学的社会动力和理论动力。早期的拉图尔更为激进，他曾说过古埃及法老拉美西斯二世（Ramses II）如一些人根据其木乃伊状况所推测的那样死于肺结核的可能性，并不比其死于机关枪的可能性高。换作现在，拉图尔可能会说，拉美西斯二世死于一种具有一定“固体性”的传染病，但自现代医学诞生后，该疾病才具有了复杂的理论属性。

不过，这一较为温和的建构主义依然面临着一个根本性的问题，该问题与科学知识社会学强纲领的另一要点有关：

> **反身性命题（Reflexivity Thesis）：“原则上说，它的解释模式也应适用于社会学本身。”**

这就制造了一个难题，哲学家们也爱用这个问题指责相对主义学说。假设某人大胆断言“一切都是相对的”。那我们就可以发问，“一切”是否包括他刚刚所下的断言。如果答案是“不包括”，那他就需要解释，为什么唯独这个断言可以例外。如果答案是“包括”，那么该断言对传统实在论就构不成真正的威胁。它只是表达了一个相对主义的观点，实在论者可以将“社会建构”或“语言游戏”看作特殊但无害的混淆言论而忽视掉。无论是哪种答案，都会重伤相对主义。

社会建构主义也面临着类似问题。该学说是实事求是地在描述科学吗？或者说，对科学事实的社会建构本身是否也只是一种建构？如果是前者，那为什么这么多科学，唯独社会学能够理解真实的世界？目前我们还回答不了这个问题。如果社会建构本身也是由社会建构的，那么实在论者就可以将其当作与科幻创作一样彻头彻尾的幻想，与真正的科学几乎毫不相关。

我想，社会建构主义者回应该问题的最好方式是，他们的学说既是社会建构的，也是真实的。它诞生于20世纪末的学术界，当时的学术界社会政治条件复杂，受社会学或科学论范式影响。尽管如此，它也可能反映正确的对科学的认识。该认识中至少包含了部分真实的科学实践，而这一部分恰是实践派科学家容易忽略的，这一点正是基切尔在为科学论辩护中所竭力主张的。因此，对这一相对主义难题的合理解释是：社会建构主义是一种碰巧部分为真的社会建构。

但这一解释也需要付出代价。因为它将所谓社会建构主义为实在论和传统科学哲学制造的威胁扫除了很多。如果科学研究中的理论和事实既是建构的，又是真实的，那么生物学和物理学中的理论和事实为什么不能也是如此呢？实在论者也许会承认科学知识主要是复杂社会力的产物，但即便如此，他们仍会坚称自己的学说抓住了事物的本质。确实，我们反思片刻就会发现，绝大多数人都是“社会决定”和“真实”或“理性”的结合体。我们的宗教信仰（或怀疑）也许主要受偶然性社会条件的影响。如果我们生活在不同文化中，由不同的父母抚养长大，那么彼此之间就很可能秉持着截然不同的宗教观点。不过，这似乎并不妨碍我们深信自己的宗教信仰（或怀疑）是真实且合理的。

即便事物必须要么是真实的，要么是建构的，那也不等于它们必须全然是真实或全然是建构的，就像你规定一个东西非黑即白，那也不意味着它必须是通体黑色或白色的。或许我们应该将某些科学事实视为以建构为主，另一些则主要是独立于我们而存在的。以某种精神疾病为例，比如说注意力缺陷多动障碍（ADHD），该病有多种症状，比如好动和难以集中注意力。注意力缺陷多动障碍属于社会建构吗？考虑到许多患者在服用药物利他林（Ritalin）后，症状显著改善，比如学习成绩提高，有人可能倾向于否认该病是一种社会建构。那么问题又来了，那些没有出现注意力缺陷多动障碍症状的人呢，他们是社会建构吗？

伊恩·哈金提出了一种处理社会建构问题的有用方法：问一问，是否即便在截然不同的社会环境中，科学探究也必然会得出你正研究的这一理论。我们之所以将当前流行的时尚和运动看作社会建构，是因为它们并不是某种必然的结果，我们可以轻易想出自己可能对其他时尚和运动感兴趣的理由。在前面注意力缺陷多动障碍的例子中，我们有理由说，如果没有公共教育系统，孩子们就可以一直自由自在地玩到成年，精神病学也就无从想出有这么一种精神障碍了。不过，要想出在何种社会环境下能产生不含氢、氧概念的化学则要难上许多。这两个概念恰恰又是现代化学的核心，如果因为某种原因它们不被社会认可，最终的结果可能不是所产生的化学不同，而是根本没有化学产生。

无论怎样，我们似乎都没有理由提前决定某个事实是建构的还是独立的。最近，研究人员在对科学的社会维度进行研究时吸取到的重要教训之一便是，若要回答社会建构问题必须要开展仔细的历史和经验调研，取得哲学认可并不是判断某种答案为真的依据。

女性主义科学哲学

从 17 世纪开始，世界上虽然出现了少数著名女科学家，但总体来说，女性在科学领域发挥的作用微不足道。这种情况到 20 世纪下半叶才有了明显改观。如今，尽管在大学的物理学和天文学老师中，女性仍不足 20%，但在心理学、生物学、社会学等领域，女性已不在少数。

女性被排除在科学领域外的原因与历史上她们被其他有权势有地位的职业排除在外的原因有一部分是相同的，在阶级社会中，像法律职业、神职等都是留给统治集团的。除了这些显而易见的政治原因之外，女性主义学者还将矛头指向了哲学中长久以来的二元对立思想：对立的一方是女性、身体和感性，另一方是男性、精神和理性。她们认为这种思想助长了“女性不适合从事科学和哲学工作”的偏见。在我们思考缺少女性参与对科学会产生何种影响，以及女性参与增多可能会让科学出现何种改变时，记住上述这些原因会对我们寻找答案有所帮助。

根据某些科学观念，这些问题的答案应该是“完全没有影响”和“完全不会改变”。如果科学是纯理性的数据收集和理论测试过程，那么科学行业就和会计行业一样是什么性别的人都可以从事的了。而且，某种理论在经验上是否成功似乎与性别并无关系，就像会计报表上收支是否平衡与制表人是男是女毫无关系一样。尽管从道德和实用角度能找到很好的理由支持鼓励更多的女性从事科学工作，但考虑到科学职业的威望和用在其他方面就等同于浪费的人才资源，这些不与科学实践、科学内容直接相关的理由就显得“肤浅”了。

不过，随着逻辑经验主义科学模型的没落，学者们开始更仔细、更透彻地研究性别（以及种族、阶级和族群）等因素对科学的影响。可能的影响方式似乎有三种。其一，也是最显而易见的一种，性别可能影响研究问题的选择和优先次序，以及科学知识的实际应用。举个例子，如果医学领域有更多的女性，对先兆子痫、产后忧郁等怀孕相关风险的研究可能会更加透彻。另外，我们也有理由相信，物理学、生物学等领域的基础研究可能会瞄准农业和医学而非军事和工业。

其二，性别可能会影响科学的惯用做法与方式。举个例子，在解决问题时，女性可能更喜欢协作，或更多受到协作训练且更有协作经验，而男性更喜欢我行我素和相互竞争。或者说，在分析经验现象时，女性通常更喜欢类推的、基于模型的方法，而男性倾向于使用量化的、逻辑严密的方法。

其三，也是最具争议的一种，性别与科学知识的具体内容之间可能有着难分难解的联系，也就是说，如果女性在科学领域发挥的作用不逊于男性，或者超过了男性，可能我们今天所有关于这个世界的理论就会截然不同。举个例子，如果在物理学发展初期女性的作用更大，那么主流的物质结构模型可能是更偏整体论的，而非更偏原子论的。而且，一些证据表明女性比男性更能容忍对某一现象有多种不同的、不全面的解释，因此，若女性生物学家、女性心理学家多了，这些领域可能就不会那么强调还原主义了。

在概括性别对科学的影响时，我用了多次“可能”。若在未曾仔细研究我们现有的历史（以及社会学和心理学）证据的情况下就去概括这一影响，不仅困难，还可能得出误导性的结论。目前已有一些学者分析了性别影响科学的具体方式，其中较有影响力的一些包括：卡洛琳·麦茜特（Carolyn Merchant）的《自然之死》（*Death of Nature*），该书研究的是科学领域内的厌女症历史；海伦·朗基诺（Helen Longino）的《作为社会知识的科学》（*Science as Social Knowledge*），该书研究的是性别在大脑发育理论中的作用；露丝·布莱尔（Ruth Bleier）的《科学和性别：批判生物学》（*Science and Gender: A Critique of Biology*），该书研究的是性别歧视和生物学；唐娜·哈拉维（Donna Haraway）的《灵长类视觉》（*Primate Visions*），该书是根据灵长类动物的历史来研究性别；艾莉森·怀利（Alison Wylie）的考古学著作《通过物体思考》（*Thinking from Things*）；萨拉·赫尔迪（Sarah Hrdy）的进化与人类学著作《从未进化的女性》（*The Woman that Never Evolved*）。

我们以女性主义科学家、作家伊夫林·福克斯·凯勒（Evelyn Fox Keller）的一个研究案例为例。她详细研究了 20 世纪著名的遗传学家巴巴拉·麦克林托克（Barbara McClintock），麦克林托克对基因内部复杂的动态调控系统有开创性的新发现，并因此获得 1983 年诺贝尔生理学或医学奖。凯勒将麦克林托克的研究风格与其对自然界的独特构想联系了起来。她的科学发现得益于她耐心、细心及独辟蹊径的研究风格。而她对自然界的独特构想来源于她敏锐的直觉，这一直觉包括了她“对生物体的感同身受”，也包括了她认为万物具有一体性、生物系统具有深不可测的复杂性等观点。

当时主流观点认为基因调控过程是“等级森严的”，“主控分子”控制着下级分子的一切活动，而“无等级”观点认为“控制存在于整个系统的复杂互动中”，麦克林托克认同的是后者，该观点没有那么“大男子主义”。在对比了这两种观点后，福克斯·凯勒认为，正是因为选择了后者，麦克林托克才能够理解基因调控过程中的细微互动。不过，这一观点也给麦克林托克带来了不利的影响。后来，沃森和克里克借助罗莎琳·富兰克林（Rosalind Franklin）拍摄的 X 光照片，发现了脱氧核糖核酸（DNA）的双螺旋结构，这是极其重大的发现，但麦克林托克未能借此进一步发展自己的理论。

女性主义者也许有理由担心，福克斯·凯勒对麦克林托克“直觉”和“感同身受”式科学推理风格的推崇只会加深带有性别歧视的成见——女性是情绪化的、主观的，男性是理性的、客观的。正因为如此，凯勒本人也提醒不要“把客观性当作‘男性化的理想’而拒绝接受，因为那会……令原本想要解决的问题恶化”。她还说：“将女性主义批判应用于科学基础问题的第一步是重新定义客观性。”那么女性主义会定义出什么样的客观性呢？这种客观性又会支持什么样的女性主义科学观呢？

上面提到了多种性别可能影响科学的方式，假设在科学发展过程中，它们中有部分或全部发挥了作用，结果得出的科学观在本质上就会更多地反映男性的兴趣、价值观和视角，那么，还有别的选择吗？“女性主义的科学”或只是无性别歧视的科学与过去由男性主导的科学之间到底有什么区别？有一种观点是，女性主义科学只是清除了曾扭曲过科学的男性偏见，这种偏见体现在研究的优先次序、方法和内容中。这种观点有时也被称作女性主义经验论，它认同客观性为性别中立的传统观念，但并不相信“大男子主义”科学，认为该科学背叛了客观这一理想。

以关于人类生殖的生物学理论为例，女性主义对其进行了批判。在亚里士多德时代，人们认为卵子主要起培育作用，是被动的，而精子是主动的，彼此之间竞争激烈。女性主义者有理由认为，此类模式复制了男性和女性在性和社会方面的传统角色，由此阻碍了我们对卵子和子宫在生殖初期所做复杂贡献的理解。也是因为此类原因，生物学家才迟迟没有理解胎儿与母体间时而竞争的关系，也迟迟没有理解大型动物中孤雌生殖（无雄性即可完成受精）的发生率。从女性主义经验论的角度出发，我们从上述问题中吸取的教训并不是用女性视角取代男性视角，而是应该抛开性别偏见，秉持真正的性别中立的客观性。若换成女性视角，得出的结论说不定会是卵子包揽了所有辛苦活，精子则坐享其成。

尽管从大体上看，女性主义经验论的吸引力似乎不小，但对任何重提科学应建立在完全价值中立的经验基础之上的理论，许多女性主义科学哲学家是半信半疑。他们对库恩和社会建构主义者所吸取的教训，以及蒯因所吸取的教训耿耿于怀，该教训是：不存在绝对客观的理论选择的判断依据。此外，有政治或社会目的的女性主义者也会想方设法让自己的价值观和社会视角左右理论的选择，哪怕这样做的危害不仅限于朝与大男子主义相反的方向扭曲科学。

女性主义经验论最复杂的版本之一是由海伦·朗基诺提出的，该理论企图将政治价值观和社会价值观融入科学之中。根据第 4 章中探讨过的经验主义的非充分决定性论证，朗基诺主张，我们的理论与我们所掌握的证据之间必然存在着逻辑和证明的“分歧”，这是无可避免的。鉴于数据本身无法告诉我们在多种经验无法充分决定的理论之间应该作何选择，该选择就必然依赖于“背景假设”，而这些假设中暗含着某种特定的价值观。在朗基诺看来，将背景假设应用于理论选择的最“客观”方式是，依赖科学研究者群体的批判性思想，遵循公认的标准和知识权威的平等性，或许还要结合其他群体成员的建议或意见。这种民主的理论选择方法似乎比依靠少数特权者给出的背景假设更可取，因为他们的假设可能是武断的、主观的和掺杂私欲的。

偏激进的女性主义科学版本追求的则是完全取代传统的“上帝视角”（God’s eye）客观性，认为该客观性只是打着“上帝”的幌子，实质代表着社会优势群体的视角和利益。后现代主义观点反对传统的“自然之镜”（mirror of nature）模型，一些女性主义者认同该观点，并主张世上没有任何单一的“解释”可以解释现实，对任何对象的了解都必须基于其特定的历史、社会条件和认知方式。另一些女性主义者从最初的马克思主义思想出发，认为社会弱势群体的“立场”恰恰赋予了他们认识的优势，就像“奴隶”比“主人”更能理解社会的不平等一样。

上述观点的共通之处在于，它们都确信仅代表社会优势群体观点的科学至多是不完整、不公平的科学，最糟时还会带有欺骗性。

因此，桑德拉·哈丁（Sandra Harding）提出要将与传统认识论相关的“弱”客观性概念替换为“强客观性”。哈丁所谓的强客观性不仅要考虑认识者自己在特定的历史、社会条件和认知方式下的视角，还要特别重视弱势群体的视角，比如女性的视角：“与从优势群体中男性的生活出发研究所得的社会建构主张相比，从女性生活出发研究所得的（同样为社会建构的）主张会更为正确、更加公正、更少扭曲。”

然而，女性主义科学对追求真理这一传统的科学目的又持何种看法呢？在这一点上，女性主义者与反实在论者，尤其是社会建构主义者的看法一致，他们对想找到一个可解释万事万物的万能真理的梦想深感疑虑。知识中充斥着太多不同的社会价值观和认知偏见，它不可能接近绝对（弱）客观性这一理性主义的理想。

有人也许会从纯实用角度重新阐述真理：真理就是对特定认识群体的社会和物质目的的最佳解释。不过，这并不足以代表女性主义科学渴望达到的目的。与大男子主义科学只为男性服务不同，女性主义科学并不是只为女性主义的目的服务。女性主义者也致力于实现一个务实的希望：通过揭露主流科学所用背景假设的武断专制，通过多种不同自然界研究视角的使用和融合，比主流科学更好、“更少扭曲”地认识这个世界。如此说来，女性主义科学的目的，或者说任何致力于改善科学的社会运动的目的，似乎都不是追求绝对的真理，而是追求更加“近似真理”，正如第 4 章曾探讨过的。

此外，在这一“进步主义”认识论的指导下，女性主义者可以增进人们对同一自然系统多元、互补解释的包容，这种包容是多元主义和反还原主义的。正如朗基诺所说：“自然界中任何过程的实际发生状况都会受到诸多不同过程的影响，而自然界之复杂可能并不允许对该过程的任一解释全然代表其他所有不同过程。”尽管我们要避免用所谓单一或最终的真理来解释自然界，但这并不影响我们切实、稳步地推进科学发展。

科学与价值观

社会建构主义者和女性主义者主张：科学中充斥着各种价值观。这就对传统哲学思维构成了重大挑战，因为哲学认为事实（事物是什么样）和价值观（事物应该是什么样）是两个截然不同的问题，不能混为一谈，而这个观念有着近乎于教条的地位。大卫·休谟曾阐述过这一严格的“是 / 应该是”二分法，非常经典。如果气候正在改变，而其主因是二氧化碳，那么是否能推出我们应该减少汽车和工厂碳排放的结论呢？休谟认为“不能”，因为“从其他截然不同的关系中推出这一新的关系是全然不可想象的”。当然，从中也不能推出我们不应该减少汽车和工厂碳排放的结论。休谟的观点是，对事实的推理不能左右道德偏好：“宁愿全世界毁灭也不愿刮伤自己手指的想法并不违背理性。”

一直以来，从事实性前提推出道德性结论的做法都被贴上了“自然主义谬误”（该谬误在第 3 章末尾探讨过）的标签：因为某事合乎（或不合乎）天性就认定其是好的（或坏的）。举个例子，素食者有时会与肉食者争辩人类是否“天生”就是肉食性的。素食者指出，我们的消化道很长，并不适合消化肉食。而肉食者回应称，我们有犬齿，其他哺乳动物的犬齿都是用来撕扯肉食的。双方都陷在自然主义谬误中：无论食肉是否是人类的天性，这都不能作为推断食肉行为是否道德的依据。

反过来，从价值观可以推出事实吗？哲学家探讨这一问题的频率比探讨前者的低得多，或许是因为这一推理的谬误性看似更为明显吧。我们应该在限速内驾驶汽车，也应该关爱邻里，但这两件事绝大多数人都做不到。哲学家伊曼努尔·康德认为，上帝必然是存在的，否则就无法保证万事万物在发展过程中是德福一致的。对此类推理，哲学家伯特兰·罗素的评论是：“如果你从科学角度看待该问题，你会说，‘毕竟我只了解这个世界。我对宇宙其余地方一无所知，但就概率而言，这个世界也可能是个不错的研究样本，如果这个样本中存在着不公平，那么宇宙其他地方也存在着不公平的概率就相当高了。’”罗素并没有恰当评判康德的推理。不过，我们能看出罗素个人的观点是：鉴于科学只关心事实，公正与否等价值观因素根本就不在其考虑范围内。

在库恩之前，科学哲学领域坚持“事实有别于价值观”的观点，尤其是逻辑经验主义者。确实，早期的逻辑经验主义者认为，伦理道德的主张与形而上学的主张无法为经验所验证，因此毫无意义。以鲁道夫·卡尔纳普为例，他主张“所有形而上学的言论，以及所有（起调控作用的）伦理道德的言论……其实都不可验证，因此都不属于科学。我们维也纳学派习惯于称此类言论为胡言乱语”。不过，最近的哲学研究发现，科学与价值观之间的界限其实漏洞颇多。因此，让我更仔细地探讨一下科学与道德价值观之间的关系。它们之间的作用有两种潜在趋势，我将依次探讨。

价值观对科学的影响是显而易见的。因此，即便是最以逻辑为导向的哲学家也会承认其中几种价值观对科学事业来说至关重要。这几种价值观是真理性、客观性和经验充分性。它们也被普遍认可为是优秀理论应有的特征，能有助于我们认识这个世界。我们进行科学研究的首要原因是理解和认识世界具有重要的价值。

更具争议的是非认识论价值观（与认识无关的价值观）所发挥的作用，此类价值观包括公正和人类福祉。将这些价值观融入科学之中的争议性源自它们与真理性、客观性之间可能出现的冲突，真理性和客观性属于更为基础的认识论价值观。假设有一名发育生物学家，在伦理道德层面，他坚定地认可个体责任和自主自决这两种美德。如果他将此类价值观直接融入自己的科学实践，那么他可能希望最大限度地减少支持各种遗传决定论的证据。在他看来，美德将战胜真理。不过，我们有充分的理由证明，将价值观从科学中完全消除不仅不现实，也会适得其反：有时，追求美德对真理的发现至关重要，或者说有利于真理的发现。

从之前对性别问题的探讨中可以看出，让价值观融入科学的方式至少有三种：研究对象的选择和优先次序，科学的实践和方法，还有科学的内容。先说第一种，非认识论价值观确实且应该在科学领域发挥重要作用，这一点似乎显而易见。而表现最显著的可能要数医学领域。因为癌症比痤疮粉刺严重得多，所以癌症研究获得的资金也要比痤疮粉刺研究获得的资金多得多。在更深奥或更“纯粹”的科学领域，价值观也会影响研究对象的优先次序。价值观和兴趣有助于解释我们为什么优先完成人类的基因组排序而非狗的基因组排序，或许也能解释为什么猫的基因组排序要排在狗之后，毕竟狗作为人类最好的朋友也是有好处的。

目前，化学和物理学领域将大量资源投入到与气候变化和替代能源有关的研究领域。就连宇宙学和粒子物理学领域的优先研究对象也是有望为太空探索或计算机技术发展带来“意外”助力的项目。1993年，美国国会取消了在得克萨斯州建造价值数十亿美元的“超导”粒子加速器的计划，转而资助了美国国家航空和航天局（NASA）的国际空间站项目，出现这一次序调整的部分原因是，公众认为后者能带来更长期的经济效益。考虑到尖端研究所需公共开支数额之巨大，在投资此类研究前，必须先将其潜在效益与其他公共投资选择进行权衡。

科学哲学新视野 PHILOSOPHY OF SCIENCE

纯科学的意外价值：泰勒斯的致富奥秘

对于主要价值在于增进认识的研究，用非认识论价值观，尤其是用人类福祉来证明其合理性的做法并不是什么新鲜事。亚里士多德告诉我们，首位宇宙学家米利都的泰勒斯通过垄断橄榄油市场发了大财。他的投资是基于天气预测，而这些预测又是基于他的自然哲学。泰勒斯的目标不是发财（尽管发财也没有坏处），而是展示理论智慧的实用价值。

即便在一个完美的世界里，我们有无穷无尽的资源可用于“纯”科学研究，但我们仍旧可能想禁止一些科学探究手段，因为它们可能产生不良的社会影响。当代科学领域就有一个格外引人注目的例子。一些粒子物理学家提出，位于日内瓦附近的大型强子对撞机有可能制造出能吞噬地球的“微观黑洞”。最近，该对撞机的代表重申了一个显而易见的科学共识：根据对撞实验所运用的基础物理学理论可知，该风险微乎其微。他们还指出，该对撞机所能制造的高能条件在地球历史上自然发生的次数可能已经是数以百万计了。我将在下一章中再详细探讨评估此类风险的困难之处。

不过，若该黑洞风险为真，那么地球生命的非认识论价值就会超过该对撞机有望提供的理论知识的价值，这一点似乎毋庸置疑。纽约布鲁克海文国家实验室内有一台相对论重离子对撞机，法学家理查德·波斯纳（Richard Posner）曾在探讨升级该机器的风险时说过，“我希望在要求划拨资金前，先请中立专家对提议的升级进行仔细的成本效益分析”，这句话也适用于大型强子对撞机的风险。

请注意，在评估大型强子对撞机风险，以及评估对人和动物进行医学研究的伦理问题时，冲突往往存在于道德价值观与获取知识的某些方式之间。道德问题似乎来源于这些实验的潜在危害，而非其提供的知识。不过，可能某些知识本身就是有害的，或本身就会引发道德问题；也许有些事情压根就不应该为人所知。以一些极具煽动性的问题为例，比如普通智力或智商与性别或种族之间的关联。考虑到不少国家和地区有性别歧视和种族歧视的历史，以及遗传学对智商等复杂特质的解释还未有定论的情况，研究智商差异的遗传来源可能只会加深偏见。科学或许不应该走到那一步。

对该观点可能可行的反驳是，该研究最终可能会发现种族或性别与智商并无关联。即便存在关联，发现该关联也可能是一件好事，它可以指导社会政策的制定，或如培根所说可以“改善人们的生活”。智商的批评者们对该反驳的回应是，智商其实只是一种社会建构，是权势阶级用以测量一个人先天或后天才能的工具。生物学家史蒂芬·杰伊·古尔德也是这些批评者中的一员。根据他们的观点，智商分布的不均只能反映出社会的不平等而已。目前，该问题仍然争论未决。不过，该争论本身已让我们清楚地看到了道德价值观与政治价值观对科学研究方向的影响。

非认识论价值观除了会影响研究项目的选择及其能获得的资金之外，还会影响科学的方法，甚至是科学的内容。严格遵循科学观点得出的结论有可能会是灾难性的。不过，社会和政治也可能产生阻碍科学知识发展的不良影响。以 20 世纪中的苏联为例，当时的全苏列宁农业科学院院长特罗菲姆·李森科（Trofim Lysenko）精心策划了一起轰轰烈烈的运动，旨在反对用基因来解释进化，并提出用法国博物学家让－巴蒂斯特·拉马克（Jean-Baptiste Lamarck）的“获得性特征的遗传”来替代基因遗传理论。李森科谴责基因遗传学是“资产阶级的”“还原主义的”，并标榜自己的生物学方法是“实用的”“进步的”。该运动重创了遗传学，将其彻底从苏联的科学和教育领域剔除了出去，直到 20 世纪 60 年代，李森科被谴责，现代生物学思想才再次被引入苏联。

前文中我曾提到，纳粹时期的物理学也有类似的遭遇。20 世纪初，德国科学界的保守主义派系和民族主义派系（在当时的英、法科学界也存在）利用纳粹主义的崛起，反对爱因斯坦的相对论和海森堡的量子理论观点，只是后者受害程度相对较小。菲利普·莱纳德（Philipp Lenard）和约翰尼斯·斯塔克（Johannes Stark）所倡导的经典的、决定论的“德国物理学”凌驾相对论和量子力学所代表的“犹太物理学”之上。这场所谓的德国物理学运动令德国科学退步了，虽然没有李森科学说令苏联科学退步得那么多，但仍然生动反映了政治力量可对科学造成的伤害。

在现代的发达国家中，科学也未能幸免于此类影响。在医学领域，大量医学研究依赖于制药行业，因此对研究人员来说，最大限度地减少或封锁可证明药物无效及其有不良副作用的证据可使他们获得丰厚的既得利益。另外，气候变化模型、达尔文进化论和胚胎干细胞治疗在科学界内部广受支持，却遭到了布什政府的反对，有些人曾主张，这些反对的背后其实是宗教团体和企业集团在为自身利益而操纵科学。布什政府频繁强调当前科学的状态是“不确定”的、“试验性”的，在进化论和气候变化领域尤其如此，而这一立场有点类似伽利略事件中罗马教廷的立场：哥白尼的天文学只能“假设”成立，“不能绝对”成立。

对科学来说，是不是只要实践中包含了道德价值观和政治价值观就是有害的呢？夏平和谢弗对波义耳 – 霍布斯争论的研究或许足以说明政治理想对科学选择的塑造作用。不过，该影响未能阻碍 17 世纪科学的进步。相反，如果有，波义耳和霍布斯之间鲜明的意识形态冲突帮助厘清了实验性方法的本质以及科学与哲学间的界限。第1章举过的一个例子则生动展现了非科学的外在因素对实现传统科学目的的推动作用。1277年，巴黎大主教艾蒂安·唐皮耶对获得广泛认可的科学学说表示谴责，并提出了一个冠冕堂皇的理由：这些学说否认上帝对自然有绝对的操控力。唐皮耶颁布教令，声称上帝的绝对权力凌驾在亚里士多德的权威之上，正是在其教令鼓励下，自然哲学家开始“跳到箱子外”，打破传统、创新思维。历史学家认为，当时的科学革命已将亚里士多德科学推到顶峰，唐皮耶的教令成了科学逐步摆脱亚里士多德学说控制的关键因素。

科学家们自己从内部为科学注入非认识论价值观也可以推动科学进步。从伊夫林·福克斯·凯勒的著作中可以看出，巴巴拉·麦克林托克自身的“感同身受”和“一体性”价值体系是她得以在基因调控方面斩获新发现的关键。更近一点的例子还有艾莉森·怀利和林恩·汉肯森·内尔森（Lynn Hankinson Nelson）。自20世纪70年代起女性考古工作者数量开始激增，怀利和内尔森的成就证明，这一变化确实提高了早期人类研究领域对性别因素的敏感度。新一代女性考古学家在史料中发现了重要信息，而这些信息是早期研究者没有发现或认为无关紧要而忽略掉的。

举个例子，在某些澳大利亚土著村落发现的男性骨骼出现了一些令人困惑的不协调之处。起初研究人员设想了各种各样的说法去解释这个“异常”，比如男女间埋葬方式不同。后来发现，在之前的研究中，骨骼性别的区分是根据其整体“健壮性”进行的，而这个健壮性假设认为早期女性比男性要“柔弱得多”。而怀利和汉肯森·内尔森的女性主义导向研究修正了对这些女性骨骼和力量大小的低估，解决了现代考古学的这一谜题。其他以女性力量为重点的研究也发现了早期女性在狩猎活动中可能发挥的作用。过去我们一直认为狩猎属于男性，采集才属于女性，这些发现恰恰驳斥了长久以来盛行的狩猎 / 采集二分法。

价值观对“认识”这一科学基础目的的实现是阻碍还是推动似乎主要取决于具体的价值观本身。尽管波义耳所属的英国皇家学会、大主教唐皮耶和女性主义考古学家的价值观和政治目的千差万别，但这些价值观都鼓励了新思维的诞生，并帮助打破了根深蒂固的旧有思维方式。凭这一点就可以将它们区别于纳粹科学的种族主义虚假宣传，也区别于许多美国神创论者的《圣经》直译主义。价值观对科学的贡献并不在于内容，而是在于是否可以激发想象力，是否可以动摇教条的思维方式。不过，若价值观对批评的声音无动于衷，它们自身也会变得扭曲失真。

价值观对科学的影响我们就探讨到这里。现在反过来说，科学对价值观是否也会有所影响呢？现代科学对道德层面的影响无疑是巨大的。比如遗传学进步将引发人们对人工操控基因信息、人工“增强”儿童基因会违反道德准则的强烈担忧。其实这些问题的根源并不是科学对道德准则的影响本身，而是现行道德准则难以应用到新兴技术领域的困境。因此，基因增强问题势必引发传统的亲权价值观与传统的人类固有尊严价值观之间的冲突。不过，我更想探讨的问题是科学是否可以成为道德准则的来源：对自然的认识是否可以改变人们的是非观？

若论著书立说的时间，17 世纪的伟大哲学家巴鲁赫·德·斯宾诺莎比休谟还早了 100 年，斯宾诺莎认为新科学揭示了传统价值观念的主观性，这些价值观念包括善良和完美、邪恶和腐败。它们都只是我们自身好恶的心理投射，这些心理投射又取决于我们大脑的独特性。这就解释了斯宾诺莎曾说过的一句话，“各人的大脑就如各人的口味一般千差万别”。既然道德观念只是投射，即斯宾诺莎所说的“想象的产物”，那么我们评判事物对错的标准就应该是其内在性质和因果力（这二者是由科学揭示出来的）：“事物的优点应完全根据其本质和力量来量化，所以它的优点不会因人类的好恶而有丝毫增减。”斯宾诺莎在分析道德观念时暗含的观点是，不会感情用事的心理学和脑科学终将取代传统的道德观念，用更现实的概念去解释我们的本质，进而解释我们的优点和缺点。

自斯宾诺莎的时代开始，心理学和脑科学已经取得了长足的进步，近几十年来高精确度成像技术的发展尤其令人瞩目，比如功能性磁共振成像（fMRI）。斯宾诺莎曾预言传统道德观念会被彻底驳倒，他的预言成真了吗？以报应原则为例，该原则认为过错方只应接受与其罪行相匹配的惩罚，不可过量。这是一个古已有之的原则，《旧约》中就有“以眼还眼、以牙还牙”的说法，该原则正好符合“人类应对自己的行为负责”这一道德观念。其实，除了“人类”，中世纪时猪、狗等动物因袭击和盗窃而被惩罚或处死的情况也时有发生。这样做的目的不是把有害的动物消灭掉这么简单，否则当时的人也不会让这些动物走复杂的审判程序以示公正了。当然，此举在今天的我们看来是匪夷所思的，毕竟我们不认为动物需要像人一样承担道德责任。而我们赦免动物的原因之一是，通过对动物行为及其生理机能的研究，我们知道它们控制自身反应的能力是有限的，比如对“战斗或逃跑”反应的控制。

不过，若是我们根据科学研究得出“人类同样也无法控制自己的暴力行为”这一结论，结果又会如何呢？该问题目前是“神经元法学”这一新兴领域的主要研究问题，神经元法学研究的是犯罪行为的神经生理学基础。2005 年，美国最高法院驳回了一个处死青少年犯罪者的判决，其理由之一就是青少年“相对缺乏自控能力”。美国医学会（American Medical Association，简称 AMA）提供的一份当事人意见陈述主张，“青少年大脑中与冲动、愤怒、恐惧相关的区域更加活跃，而与冲动控制相关的区域欠活跃”，因此判处他们死罪就是“既要他们对自己的行为负责，也要他们对自己神经系统的不成熟负责”。其他研究也发现暴力犯罪者存在神经递质和激素失衡的情况。

如果神经科学和神经元法学能够证明，我们如今认为应追究当事人责任的某些卑鄙行为或应对当事人予以奖励的某些英雄行为其实主要源于无法控制的大脑活动，我们或许就需要重新审视“报应原则”的合理性了。届时，将威胁到其他人的犯罪者监禁起来或许仍是合理的做法，就像我们有时也会将某些患者隔离起来一样，但监禁他们的理由将不再是他们应该遭受这样的报应。

美国医学会反对处死所有的青少年的论证有着一个看似无懈可击的前提：我们不应该为自己无法控制的事情负责。这也就是哲学家们所说的："'应该'蕴含'能够'[①]。"不过，社会科学领域的研究可能会发现，传统道德观念对我们的许多要求建立在对我们能力不切实际的设想之上。比如说，大量心理学研究表明，影响我们是否有行善倾向的主要因素是那些从道德角度看来与行善毫无关系的因素。一项研究发现，如果我们刚赚了点小钱就遇到了丢了钱包的人，那么我们帮助他的可能性就会比没赚钱时大得多，可能性从 4% 飙升到 85%。其他研究也证明，一些我们未曾意识到的因素会大大左右我们的慷慨程度，比如环境噪声和周遭气味（面包店门口显然是乞讨的"宝地"）。

当然，伦理学家也会反驳称，若放任自流，我们的实际行为将异常糟糕，若要根据这些行为来制定我们的行事准则，那就什么都制定不出来了。不过，我们对不同的人当然应该有不同的道德要求。这也是我们对小孩和动物没有那么多道德要求的原因之一。未来，社会科学、进化生物学和神经科学有可能共同描绘出人类本性的深层次倾向，届时，我们也许会抛弃现行的经典道德理论，改用更为宽松的或完全不同的道德标准来要求自己。此外，同样困扰我们的还有如何生活的问题。若要明智地解决这一问题，我们就必须仔细考虑未来科学可能给人类存在带来的一切选择和挑战。这就是我在最后一章将探讨的主题。

① 可以理解为：要求你应该做到的必须是你能够做到的。——译者注

要点总结

1. 在现代社会，科学知识就像好莱坞制作的电影，或立法机构制定的法律，也是复杂社会网络运作的成果。
2. “后现代主义”观点反对传统的知识概念，即知识是客观实在的主观反映，或知识是“自然的镜子”。它还一并抛弃了相关的现代哲学价值观，比如实在论、客观性、理性主义和对进步的热衷。
3. 女性主义者意图通过揭露主流科学所用背景假设的武断专制，通过多种不同自然界研究视角的使用和融合，比主流科学更准确、“更少扭曲”地认识这个世界。
4. 价值观融入科学的方式有三种：研究对象的选择及其优先次序，科学的实践和方法，还有科学的内容。
5. 未来，社会科学、进化生物学和神经科学有可能共同描绘出人类本性的深层次倾向，改写现行的道德理论。

A BEGINNER'S GUIDE

第 6 章

科学与人类未来

科学的发展会让人类更快还是更慢灭绝？开拓宇宙殖民地有何道德意义？我们应该运用科技把自己变为超人吗？

本书开篇，我探讨了科学的起源。现在，我要展望科学和技术可能带我们去向何方。不管怎样，科学的未来与人类的未来都是彼此关联的。那些必然会改变人类生活方式的领域，比如计算机应用、基因工程和纳米科学，其技术变革速度无疑正在加快。一些人认为我们正在靠近一个“临界点”或“奇点”，一旦达到，人工智能等技术就会发达到可自我改进。未来难以预测，尤其是当我们愿意推动这种可能失控的进步时。对于异乎寻常的以及关乎末日的预言，我们应保持怀疑的态度，这一点，无数失败的千禧年预言业已证实（最近一个著名的例子就是“千年虫”恐慌）。正如大卫·休谟在探讨奇迹问题时的告诫，人类对“奇迹”喜闻乐见，更容易被迷惑和欺骗，因此，对任何相关报道我们都应仔细考察，不要轻信。

长久以来，未来主义取得了很多经济上的成功，但未必能够给出成功的预言。即便如此，我们依然可以预测未来，并在一定程度上控制未来。我们知道过去数百年中科学进步的发展轨迹，也知道人类迄今为止将这些无可否认的知识进步作了何种用途。基于这些了解，我们下一步应考虑的是，未来科学可能将我们带向何方，以及在遭遇危机的紧要关头，我们要如何做才能将科学发展扭转到最佳轨道上来。

我们注定灭亡吗?

地球上存在过的绝大多数物种都已灭绝了。我们凭什么能例外呢？首先，我们拥有一种独一无二的能力，那就是思索我们集体的前景。正是这种我们所独有的能力，让我们可以预测当下的以及长期的威胁，并对其做出反应，让我们得以幸存。世界末日的警告与创世神话一样古老且多变。不过，正如科学可更准确地描绘远古一样，它也可以为我们评估未来提供一些基础。但评估的结果并没有那么理想。冷静评估了人类前景后，即便不会令人彻底悲观，也应引发真正的担忧。据牛津大学人类未来研究所的尼克·波斯特洛姆（Nick Bostrom）说："一些研究人员认真研究了人类是否正面临严重风险的问题，他们似乎达成了一个共识，认为人类的地球之旅将会过早终结。"

下面，我们认真探讨一下人类所面临的主要风险。

随着淡水、野生食物、石油和耕地的需求上升、供应减少，国家、民族和宗教之间的冲突可能增多。20世纪，战争及其他政治冲突频繁，随着"大规模杀伤性武器"价格下降、威力增加、更加便携，在这些战争或冲突中的平民伤亡也将增多。其中，尤其令人担忧的是冷战后遗留的大批核弹头。这些核弹头一旦落入歹人之手，任何一枚都可以轻易点燃欧洲中部、印度半岛或中东的全面核冲突。这种地区性核战争可能导致数以百万计人的死亡，但不太可能在短期内导致人类的灭绝。全球核战争的威胁仍在，而且一旦俄罗斯复兴或美国继续采取侵略性行动，该威胁就会上升至冷战级别。任何一场严重的核冲突都会让气温大幅下降，并破坏保护人类的臭氧层。

与核弹头相比，细菌、病毒等生物制剂更易获得、更易运输，因此，用它们作为袭击武器可能带来的威胁也就更为严重。比这还要令人恐惧的是生物病原体的研发前景，这些病原体经基因工程改造后可对一切已知抗原产生内在抗性，将能直接致人死亡或污染食物和水源。纳米技术结合分子机器，可能会进一步增强寄生物的威力、持久性和繁殖能力，进而提升此类武器的杀伤力。任何战争或大规模恐怖袭击，无论所用武器为何，都可能导致全球经济骤然崩溃，恐慌、争抢和疾患随之而来，其间将有更多的战争爆发。

疾病是人类所面临的第二大威胁，仅次于战争。许多专家认为，在未来几年中势必会爆发全球性的流感大流行，其病源最有可能是亚洲的某种病毒，它会在家畜间快速传播，并快速变异。尽管过去也出现过全球性的流感大流行，但现在随着人口密度增大、人们飞机出行增多，若再出现流感大流行，其严重程度可能会远远超过著名的 1918 年“西班牙流感大流行”，在这次流感中有超过 5 000 万人丧生。除了病毒本身导致的大规模死亡之外，疾病对地区基础建设和安全构成的威胁对人类来说才是更为严重的风险，这种威胁可能伴随着大范围的疫情传播和经济崩溃而发生。正如战争可能导致疾病（西班牙流感就是紧随第一次世界大战后爆发的），疾病也可能导致战争。在疾病大流行期间受创最重的很可能是原本就贫困的地区，而紧随其后的匮乏将在这些地区催生内乱、暴力极端主义和愈演愈烈的混乱。

人类可能还面临着另一个危险——偶然爆发的技术性灾难。如今，通信系统和能量传输系统的规模已非常庞大，且互相依存，因此我们难以预测或控制这些系统的崩溃。互联网的大面积故障将重创全球基础设施，引发金融恐慌，带来无法预测的后果。另一风险则来自基因工程，该领域的研究可能在无意间制造并释放出对疫苗有抗性的致命病毒（或细菌）新毒株。曾经肆虐的腺鼠疫或者说黑死病就是由致命细菌引发的，若这种细菌产生疫苗抗性，后果不堪设想。2001 年，2 名澳大利亚研究者通过基因工程技术制造了一种新的“鼠痘”毒株，该毒株对当时的一切疫苗均有抗性。由此可见，无论无心还是故意，研究人员都有可能制造出对一切疫苗免疫的人类天花病毒新毒株，而天花病毒作为一种致命病毒，曾在 20 世纪导致数百万人丧生，直到种痘普及才得到遏止，若种痘无效，灾难将会重演。

随着纳米技术的不断进步，人类可能会制造出高度可复制的“纳米机器人”，并将其释放到自然环境中。这些机器人又会不断增殖，成为一种“灰色的胶黏物质”，将地球上几乎所有的能量来源使用殆尽，并将自己在自然界中的一切竞争对手通通消灭，最后毁灭自己这个所有“他杀后自杀者”的鼻祖。

比纳米机器人更为奇异且更具灾难性的是高能对撞可能引发的事故，未来的新一代粒子加速器将令高能对撞成为常态。上一章我曾提过粒子加速器可能制造出“微观黑洞”的风险。此外，哲学家约翰·莱斯利（John Leslie）也提出了一种可能存在的风险：我们的宇宙只是一个“亚稳定”的封闭空间，也就是说，它有可能会坍塌到更低能量级的状态。如果粒子加速器内的对撞能引发宇宙坍塌，那么这其间所释放的能量足以在转瞬间摧毁全人类。位于日内瓦附近的大型强子对撞机经物理学家改进，已能制造出接近大爆炸后不久的宇宙环境。这难道不意味着它可能无意间制造出“第 2 版的宇宙大爆炸”吗？绝大多数专家认为，根据现今公认的物理学原理，所有这些设想都不可能成为现实。但话又说回来，我们之所以做这些实验，恰恰是因为我们目前尚未能完全理解最基本的物理学原理。

当然，说到人类面临的风险肯定少不了气候变化。假设碳排放没有大幅减少，气候变化可能会对人类产生何种影响呢？对这一问题最认真的分析预测道：全球经济会出现重大衰退且持续低迷，饥荒和营养不良增多，全球生物多样性锐减，气候灾难更频繁，农田、淡水、鱼类资源和许多沿海地区发生永久性损耗。气温升高所带来的直接后果也会引发一连串的后续反应，比如永久冻土层融化释放出甲烷，所有这些不同的、有些微猜测性的反应加起来，就会令温室效应“滚雪球般”加剧。

国际社会势必会严肃处理全球变暖问题，这一点显而易见，但全球变暖不太可能造成大规模的死亡或苦难。最近，联合国评出了气候变暖可能导致的最严重的 6 大后果，但即便是在这些后果中，联合国政府间气候变化专门委员会对 21 世纪末时海平面上升高度的预测也只有 26 ～ 59 厘米。因此，正如疾病大流行一样，气候变化带给人类最严重的风险是其可能制造的社会副作用，比如因气候变化导致欠发达地区的饮水和食物进一步匮乏，且越贫困的地区遭受的冲击越大，最终因这种不平衡而滋生战争和恐怖主义。

不过，值得庆幸的是，所有这些风险都是人类技术的产物，因此，我们对它们的内在动力和社会动力都有相当深刻的理解，而这些理解也许能助我们避开上述风险。比如说，发达国家可以大规模投资欠发达国家和第三世界国家，以削弱宗教狂热者在这些国家的号召力和吸引力，切断这一恐怖主义力量的重要来源。另外，相关国际协议的实施也可以对危险的生物技术和纳米技术进行管制或禁止。所有国家都可以参与践行《京都议定书》，以及其他的联合国为应对气候变化问题而制定的目标和公约。我们还可以借助科学和外交手段，为应对非人力促成的灾难做好准备。举个例子，许多科学家认为，恐龙灭绝的原因是有一颗巨大的小行星撞上了地球，假设现在又有一颗这样的小行星即将撞上地球，但我们与束手就擒的恐龙不一样，我们可以制定国际性方案，在一切为时过晚前找到这颗小行星并令其偏离原本轨道。

说回现实，地球臭氧层有助于过滤有害的紫外线辐射，人类现在正努力减缓并逆转臭氧层空洞进程，而这正是我们利用国际合作防止全球性灾难发生的令人倍感希望的例证。氟利昂是导致臭氧层空洞的主因，1987 年通过的协议《蒙特利尔议定书》限制了含有该化学物质的消费产品的生产和销售，多亏该协议，如今的臭氧层似乎正在逐步恢复。而在应对上述那些长期威胁时，我们是否也有可能取得类似的成功呢?

面对可能发生的危险，要找到最佳对策必须至少将以下两点分析清楚：(1) 采取行动的成本与不采取行动的成本分别是多少；(2) 若采取行动，成功避开该危险的概率是多少，若不采取行动，这一概率又是多少。综合分析这两点，我们便可以得出在特定条件下选择采取行动或不采取行动会产生的“预期成本”是多少。假设我面试快迟到了，正考虑是否要挥手拦一辆出租车。而我所考虑的因素有：乘坐出租车的费用，错过面试的代价，以及我选择坐出租车、步行（或跑步）后成功赶上面试的概率。同样地，在决定如何应对气候变化问题时，我们需要考虑的因素有：减少碳排放的成本，气温持续上升将令我们付出的代价，以及我们选择采取行动或不采取行动后气温上升速度得以减缓的概率。

我们可以用数学手段来计算采取行动与不采取行动的预期成本：采取行动或不采取行动后出现某一结果所要付出的代价与出现该结果的概率的乘积。在比较时，要将所有可能的结果一一计算在内。举例来说，假设某人有一栋价值百万的房屋，若要为该房屋购买一份洪灾险，则每年需缴纳保险费 5 000 美元。如果在给定的一年中，发生洪灾并令该房屋受损的概率是 1%，那么对屋主来说，正确的决策就是购买洪灾险。因为洪灾发生概率虽然很小，但房屋损失成本非常高昂。具体可参见下表中的矩阵，第 1 列是屋主可能采取的对策，第 1 行是可能出现的结果。

买或不买洪灾险的预期成本

	无洪灾	有洪灾	预期成本
不买保险	0 × 0.99=0	1 000 000 × 0.01=10 000	10 000
买保险	5 000 × 0.99=4 950	5 000 × 0.01 = 50	5 000

如上表所示，购买保险的预期成本比不买保险的预期成本少了一半，何种对策最佳已无须赘言了。

这种帮助我们选择风险处理决策的方式非常简单，面对上文提及的威胁人类生存的危险，该方式似乎告诉我们应立即、果断地采取行动避免它们发生，因为不采取行动的成本远高于采取行动的成本。如果坐出租车的成本远低于错过面试的成本，而且如果不坐出租车我错过面试的概率非常高，那么结果很明显——我应该坐出租车。同样地，在上文提到的每一个例子中，采取行动都有成本，但该成本与不采取行动的成本相比就显得微不足道了。

此外，尽管即便我们不采取行动，灾难也有一定概率不会发生，或者说，即便我们采取行动，灾难也有一定概率会发生，但这些行动方案的预期成本仍是远远低于我们选择不采取行动后所可能付出的代价的。举个例子，即便我们不禁止科学家研发具有自我复制能力的纳米机器人，此类机器人会落入恐怖分子之手的概率也非常小。同时，即便我们禁止了此类机器人的研发，恐怖分子也不是完全没有可能获得同样功能的纳米机器人。不过，纳米机器人所能造成的灾难性后果已明确告诉我们，我们应不惜成本立即阻止此类机器人的研发。这就好比是，搭乘出租车虽不能保证我们一定能获得人生中最重要的这份工作，但它是我们此刻的最佳选择。

但这并不意味着任何长期风险都值得我们立即付出代价予以避免。即便我住在地势较高的地方，我家仍有非常小的概率会遭遇洪灾，但这并不足以让我苦恼是否要购买洪灾险。我肯定不愿意失去自己的家，但我也不愿意花钱购买洪灾险（或流星险），哪怕每年的保险费只有100 美元。一些雇主只花非常少的钱就可以给员工买到“意外伤残”险，这些保险的价格之所以如此低廉是因为在绝大多数工作中，丢掉一条胳膊的概率几乎为零。

尽管如此，有些人还是不愿冒险："花钱买份安心胜过未来遗憾。"这些人为了避免未来出现极其糟糕的后果，愿意立即采取行动，即便出现该后果的概率微乎其微，而短期成本非常高昂。还是上文中保险的例子，即便保费比洪灾的预期成本高出了 10 000 美元以上，风险厌恶者也很可能愿意买单。不仅如此，他们还可能同时采取其他措施，进一步降低房屋损失的概率。

现在正使用中的大型强子对撞机其实也存在引发宇宙灾难的可能，只是概率微乎其微。若要以极端厌恶风险的方法来预防技术灾难的发生，我们就必须全面禁止高能粒子加速器的使用，以预先消除其制造出不是那么微观的黑洞的可能性，即便该可能性趋近于零。现代防灾政策的制定也有一定风险厌恶性，这一点体现在"预警原则"（Precautionary Principle）上。该原则规定，如果出现重大且不可扭转的伤害的风险不确定，就不应采取任何行动。与上文提过的普通成本分析相比，预警原则对我们的风险警觉性要求更高。

不过，只有在我们既了解又在乎为预防风险而付出的成本的重要性时，我们才有可能据此调整我们的行为。问题是我们所面临的这些主要风险要么是发生的可能性极低，要么是很久之后才会发生。以气候变化对人类的主要影响为例，即便是在较为可怕的设想中，这些影响的发生也是相当缓慢的。不过，人类在考虑长期风险时的表现非常糟糕，尤其是那些不确定的风险。我们对处理紧迫威胁的偏好也许早在进化过程中"植入"了我们的基因。在大草原上生活的大型哺乳动物若不直接吃下眼前唾手可得的食物而用作未来储备，那么它们很可能沦为短视者的受害者。这种对短期得利的偏好也许可以部分解释：

为什么众所周知就长期而言肥胖会增加个人和集体的健康成本，但在富裕的西方国家，肥胖依然持续存在。

人类所面临的绝大多数威胁其实对可以采取行动的当代人来说，没有多少危险，它们只会威胁到“未来的世代”。这就涉及一个严重的道德问题了：既然未来的世代还未出生，我们为何要为他们操心？也许，我们对那些可能存在的未来世代负有责任，不应该破坏他们将要生活的环境，不应该让他们过上悲惨的生活。照此类推，若我们在纽约时代广场或伦敦皮卡迪利广场埋下一颗 100 年后才会引爆的炸弹，借口说现在的人不会受到伤害也不能改变此举的错误本质。既然他们终有一天会出生，我们绝对不能做伤害他们的事。

不过，若人类真的因战争或疾病灭绝了，那么“他们”，那些未来世代，就真的再也不会出现了。如果我们无法阻止人类灭绝，那又为什么要为了那些不会存在的人而想方设法阻止那些可能伤害他们的事情发生呢？我们有义务不伤害未来的人类，又有义务确保他们顺利出生，这一点其实很难理解。因为，若存在和健康的生活环境是我们必须为未来世代提供的，那么似乎等同于健康的夫妇有义务生小孩，有义务生很多很多的小孩，因为若无此义务，这些小孩可能会因为避孕手段而无法出生、无法存在。

碰巧许多人真心想要小孩，并非出于义务，而是天性使然。他们也本能地希望自己的孩子能有孩子，而自己孙子们的需求能够得到满足。同时，对绝大多数人来说，这种美好的愿望会延伸到侄儿、侄女、朋友的孩子等人身上。对至少“未来两代人”的强烈担忧几乎存在于每个人身上，这无疑也是进化过程使然，而这种担忧恰巧抵消了我们容易忽略长期风险的倾向。因此，假设科学家和政策制定者能够说服公众及其政治代表相信某些风险会危及未来人类的生存，那么至少还有一线希望让当前世代出于保护自己子孙的目的而做出必要的牺牲。

科学哲学新视野 PHILOSOPHY OF SCIENCE

驳斥末日论

世界末日的哲学论证：

前提 1： 除非人类很快会灭绝，否则你就是所有生存过的人类中最早的一批。

前提 2： 从统计学上看，你是所有生存过的人类中最早的一批的可能性极低。

结论： 因此，人类很可能就快要灭绝了。

前提 1 是根据人口数量的几何级增长速度提出的，目前人口数量翻倍所需的时间越来越短。如果人口数量再按几何级速度增长 100 年以上，或者保持现有速度再增长 100 年以上，那么在你之后出生的人将会比在你之前出生的人多得多。前提 2 是根据这一原则提出的：在其他条件均一致的情况下，我们应该推断，作为集合中的一员，自己在集合中的位置很平常，没有特别不寻常之处。

假设你的朋友帮你把名字扔进了抽奖箱而且抽奖箱里每个人的名字只能有一个，但他忘了告诉你你的名字是在A抽奖箱还是在B抽奖箱中。你得知A抽奖箱中有100万个名字，但B抽奖箱中只有10个名字。每次抽奖时，所有名字都会抽到，但只有头5个被抽到名字的人才能赢得奖赏。后来，你接到一通电话，通知你是第5个被抽到名字的人，因此有奖赏；但你一时激动，忘了问自己的名字是从A抽奖箱还是从B抽奖箱中抽出来的。但你并不需要再回一个电话去问。因为你的名字从B抽奖箱里抽到的可能性要远大于从A抽奖箱中抽到的可能，否则你就必须是100万人中“最早被抽到的那几个人之一”。如果你觉得上述论证看似合理，那么末日论也应如此。

不过，在改变自己想法前，先看看以下回应。末日论的反对者指出，该论证可应用于之前的每一代人，包括最早诞生的人类，但他们得到的结论都是错的，因为人类至今都未灭绝。末日论的另一个问题是，末日推理很难解释一种可能性，就是人类永远不会灭绝的可能性。我们是无法完全排除这一可能性的，万一哪天人类就移居其他星球了呢。如果我们所在的集合是无穷大的，那么出现的时间很“平常”或“令人难以置信得早”又该作何理解呢？我们还有可能扭转末日论的逻辑，得出更具希望的结论。如果人类就快灭绝，这时一个婴儿出生了，那么这个婴儿就是所有人类中最晚出生的一批。鉴于该婴儿成为最晚出生的人类的可能性极低，人类也就不可能这么快灭绝（只要还有婴儿在不断出生）。

一个与此相关的观点认为，我们不应该仅仅将末日论应用于可能存在的人类历史（无论长短），还应将其应用于可能存在的其他文明

（无论长短），包括外星文明。绝大多数智能生物的文明都是源远流长的，再考虑到文明存在的时间越长，其成员数量就越多，我们便有理由认为自己也是如此。因此，我们的末日可能还很遥远。当然，最后这个观点成立与否要取决于其他文明的存在，这一点稍后我们会再探讨。

要避开威胁人类生存的主要风险就必须有国家内部以及国家之间的全力合作。国家若要制定环境保护政策或避灾方案就必须得到国民的许可，这种许可可能是直接的，比如自愿参与政策或方案的执行，也可能是间接的，比如用自己手里的选票支持强制性政策的通过和执行。不过，即便抛开短期偏好问题，当我考虑到个人的预期成本后，参与集体行动这一选择的合理性就会面临一个严峻挑战。假设现在有一个大规模预防性疫苗接种项目，针对的是各种禽流感病毒。该项目的目的不是保护个体在已爆发的流感大流行中免受感染，而是让公众提前拥有足够的免疫力，这样一来，即便未来有禽流感病毒出现，也不会“恶化”为流感大流行。

如果这不是一个强制性的项目，那我是否应该选择接种疫苗呢？如果其他人都选择不接种，那我就没有理由接种了：我一个人接种了疫苗是无法防止流感大流行出现的。如果流感大流行已经发生，我或许还有理由去接种疫苗，只是这时再接种已来不及阻止大规模的感染了，而阻止大规模感染才是该项目存在的意义。换个角度，如果绝大多数人选择接受预防性疫苗接种，那我同样不需要再去接种了，原因一样：即便我感染了，也不会导致大规模感染的出现。也就是说，别人花钱买了保护之后，我便可以坐享其成。因此，考虑到接种疫苗的不便、费用和副作用，无论其他人是否选择接种，我选择接种的预期成本都大于我选择不接种的预期成本。

但此处的问题在于，其他所有人似乎都与我处境相同。如果我们都根据预期成本计算结果选择去做符合自己一己私利的事情，那么就没有人会为了避免流感成灾而选择接种疫苗了。这个关于合作合理性的古老问题也被称为“公地悲剧”，它同样适用于我们更为熟悉的活动，比如回收利用、污染、投票、公共交通设施的使用等。公地悲剧之名来源于这样一个典故：在一片公共草地上，每一个牧羊者都为了获得更多利益而过度放牧，最终导致这一所有人共有的资源枯竭。

不过，许多时候这样的悲剧被政府及其执法机构提前阻止了。政府通过制定可强制执行的法律法规，比如限制公共水域捕鱼的法规，让我们及其他公民能够“约束自己”，进而确保公共资源的可持续性。当然，你仍然可以冒着违法的风险去过度捕捞，对别人节约下的鱼类资源“坐享其成”，不过，这并不会降低你的预期成本，因为你将承担支付罚金的风险。另外，政府之所以强制要求儿童接种预防麻疹等传染性疾病的疫苗也是因为，若是自愿项目，父母从个人利益角度出发也许不会同意自己的孩子去接种。基于预防流感大流行这一目的，此类强制性疫苗接种举措也许必不可少。

不过，这里仍然存在一个问题，任意一国政府的政策都无法防止危险疾病在其他国家流行、变异，然后传播到全世界。人类所面临的绝大多数危险都无法在地方或国家层面得到解决。因为这些危险是超越国界的，任何预防措施要发挥效用就必须有国际社会的普遍“买进”。如果我的邻居拒绝停止使用会污染当地水源的草坪肥料，那我一个人克制也毫无意义，同样地，如果其他工业国家和发展中国家拒绝减少碳排放，仅靠中国一国减少也没有用。我们现在并没有比一国政府更大的权力机构，没有能凌驾在主权国家之上的执法机构，也就无法让每个国家都遵守同一套规章制度。在国际背景下盛行的其实正是这种自打耳光的搭便车思想。我们并不清楚，在不存在世界政府的情况下，该如何避免国际性公地悲剧的发生。

尽管有一些理性障碍阻碍着合作，但许多大型组织依然能存在数个世纪之久。这些组织由一些国家联合组建，其中一些国家，比如美国和德国，是由更小的行省或公国组成。因此，我们有理由怀抱这样的希望：在必要时，大规模的国际合作能够及时达成。联合国也已就全球变暖、战争犯罪和大流行病等问题达成了重要协议。

另一个让我们保持乐观的理由是，人类似乎天生有着合作的倾向。考虑到我们的进化背景，这一点似乎出人意料。自然选择支持的难道不应该是完全自私的行为吗？假设有一种致命寄生虫正在某一猴子种群中肆虐，这种虫寄生在头皮等被感染者难以检查或梳洗的地方，但能被其他猴子轻易发现和去除。假设该种群的基因提供了两种行为倾向：易受骗者，即便没有其他猴子为自己梳洗，它们也会为其他猴子梳洗；爱欺骗者，总是接受梳洗，但从不给其他猴子梳洗。显然，这种易受骗的基因很快就会从该种群消失。即便易受骗基因主宰着这个种群，只要偶然性的随机变异产生了爱欺骗的基因，那么迟早有一天，易受骗基因还是会被消除殆尽。不过，同样无可置疑的是，一旦易受骗基因彻底消失，爱欺骗者就会陷入困境，因为再没有谁愿意为它们去除寄生虫了。

因此，任何受益于合作的物种都必然不是只有易受骗者（利他主义者）或只有爱欺骗者（利己主义者）。我们显然也属于这类物种。假设还有第三种变异：吝惜善意者，当对方愿意给自己梳洗时，它们才会给对方梳洗。如果吝惜善意者的数量足够多，它们就能战胜爱欺骗者，因为它们会互相梳洗，但爱欺骗者在被寄生虫害死前，只能骗到一次“免费梳洗”。照此说来，进化所选择的也许是吝惜善意的行为（互利主义行为），至少对像我们这样相对社会性的智慧物种来说是如此。这一假设得到了相当多心理学和进化论方面研究的确证。

为了进一步说明这种吝惜善意的天性如何帮助我们避免公地悲剧的发生，我们来看一个博弈论上的经典案例：囚徒困境。假设你和一名同伙在刚刚抢劫的银行附近被捕。你们已经把赃物藏了起来，但警方有足够证据将你们分开关押几日。检察官很聪明，给你们每人都提供了一份认罪协议，你们也都知道自己的同伙得到了这份认罪协议：如果你坦白罪行，你的同伙保持缄默，那么你可以无罪释放，他需要服刑 25 年。如果是你缄默，他坦白，你服刑 25 年，他无罪释放。如果你们相互背叛，就是每人服刑 10 年。最后，检察官承认，若你们都保持缄默，他最多只能让你们每人服刑 1 年。不过，他带着了然的微笑，胸有成竹地说：“呵呵，这种情况不会发生啊！”

囚徒困境

	你的同伙坦白	你的同伙不坦白
你坦白	你：10 年 同伙：10 年	你：0 年 同伙：25 年
你不坦白	你：25 年 同伙：0 年	你：1 年 同伙：1 年

因为他知道，你们都只会为自己考虑。他也知道，你们都很聪明。因此据他推测，你们各自的推理过程如下：

如果他是个叛徒，坦白了，而我缄默，我就得服刑 25 年，但若我也坦白，我就只用服刑 10 年。如果他是个傻瓜，缄默了，我也缄默了，那我就要坐 1 年牢，但若我坦白了，就能无罪释放。因此，无论他坦白与否，我都应该坦白！

问题是你的同伙也会这般推理。因此，即便只要保持缄默你们就都能在 1 年后重获自由，你们仍然会选择坦白，最终都得入狱 10 年。

或许你会出于对同伙的忠诚而选择缄默。但要记住：我们正努力解释的是，为什么你们一开始会有此类合作的倾向。更有可能出现的情况是，你们会因为害怕坦白之后被对方报复而选择缄默。假设你们俩此前已经经历过数次类似的囚徒困境（也许面临的刑期没有这次这么长）。而在其中一次困境中，你用缄默向同伙发出了愿意继续合作的信号。为了回应你，下一次你的同伙也选择保持缄默，这样你们之间互利合作的模式就建立了。出狱后，你们开始花时间培养年轻的帮派成员，训练他们对同伙时刻保持忠诚、绝对不要相信警察等。长此以往，你们帮派成员被关入监狱的时间将越来越少。

长期重复的囚徒困境也许会支持互利主义，这也就是博弈论上说的“以牙还牙”策略，该策略是一个抽象模型，用以解释合作是如何逐步形成的。该策略也适用于真实的国际困境，比如军备竞赛和环境公约。如果我们能利用这种进化倾向，通过发出小小的暗号，比如单边裁军或单方主动减少二氧化碳排放量，来“产生重大的影响”，就有可能促成长期合作，如此一来，我们也许能够避免全球性的公地悲剧发生。

其他世界

如果这个世界最终并非瞬间灭亡，而是缓慢趋于灭亡——地球慢慢变得不适于居住、自然资源枯竭或人口过剩，那么人类也许还能在其他行星上继续生存。即便地球上不存在这些危机，我们似乎也有理由开拓宇宙殖民地，这样一来，如果某天遭遇了无法预测的灾难，我们还能重新回到地球。人类已经在月球上短暂停留过，现在也有持续运行的载人空间站。短期内，最吸引人的永久定居地是月球和火星，或者还有某颗巨大的小行星。

然而，要在太阳系开拓新的殖民地，还有许多重大技术关卡必须攻克。即便是现有最快的太空船，往返火星也至少需要 1 年时间，旅途中，乘客可能因为重力减少而出现严重的骨骼和肌肉损伤。考虑到前往火星途中，太空船必然会有快速减速或“刹车”的时候，严重的骨骼和肌肉损伤问题就更不容小觑了。要减少此问题的发生，一种可靠的方式就是模拟重力环境，具体方法可能是让太空船旋转，制造出离心力，另外还需辅以严格的锻炼计划。不过，火星之旅还免不了外部危险的威胁：小行星的撞击和宇宙辐射等。

考虑到单程运输给养去火星的成本已是天文数字，火星殖民地必须能够在短期内实现自给自足。我们必须想办法在火星上生产能源（很可能是核能）、氧气和食物（很可能是在温室栽种植物）。原则上，火星上的水供给应该是充足的，因为那里有极地冰盖，地下可能还有蓄水层。此外，火星大气层主要由二氧化碳构成，气温也常年低于 0 摄氏度，生命活动将以室内为主。在头几次往返飞行后，后续的火星之旅将是单程的。尽管面对诸多挑战，卡尔·萨根（Carl Sagan）、史蒂芬·霍金等杰出天文学家仍一直竭力主推载人的火星之旅，而这也是美国国家航空和航天局的长期计划之一。

太阳将会在 50 亿年内燃烧殆尽，而它将太阳系内部区域吞噬掉的时间要远早于燃烧殆尽的这个时间点。因此我们不仅需要殖民太阳系内的其他行星，最终还需殖民到其他的恒星系去，当然，那里必须要有与地球类似的行星。太阳系内的行星间旅行需要花费数月或数年，而恒星系之间的旅行则可能需要数十年或者数百年之久。此类旅程所面临的障碍并不仅仅是技术上的，还有身体上的，根据相对论，没有什么东西能够超越光速。因此，与在太阳系内进行行星间载人旅行和殖民相比，恒星系间的载人旅行和殖民所要面对的困难不仅一样不少，还会成倍增加，同时还要加上旅途时间长于乘客生命的问题。

这时可能就需要利用某种假死的方法，就像斯坦利·库布里克（Stanley Kubrick）根据科幻小说改编的电影《2001 太空漫游》（*2001: A Space Odyssey*）中所设想的那样。或许除了这种长时间的休眠外还需要进行普通繁殖。16 世纪的地面殖民者在长期航海过程中常常会经历自然的出生和死亡，而许多跨越恒星系的殖民者可能一生都会耗在前往探险目的地的路上。鉴于着陆时环境的不确定性，以及旅途之漫长，太空船在出发前就必须是一艘具备基本自给自足能力的“世界级舰艇”：数量庞大的星际旅行者也许得提前好几年进入并适应模拟的目的地环境，而在真正抵达那颗陌生行星后又至少得花几年时间才能外出探险。对他们而言，返回地球是不可能的，就连与地球保持通信的希望都很渺茫，因为从一头发出的信息最快也要 8 年左右才能传到另一头。

为了减少恒星系间旅行的成本，人们又制订了新的方案。在大型太空船上，最大的负担是其搭载的燃料、货物和乘客，而对长途旅行来说，这些东西越少越好。纳米技术也许可以制造出体积非常微小的太空船，这种太空船既可以高速飞行，所需燃料又相对较少。当然，它们无法搭载我们的身体，但也许可以搭载数字编码过的脱氧核糖核酸，或者我们大脑的数字蓝图。如果“纳米机器人”可以依靠目标星体上的资源继续工作和自我复制，那么我们也许可以将自己的计算机“仿真体”运输到目标星体的安全区，而且运输成本远低于传统的人体运输方式。正因为如此，宇宙学家弗兰克·迪普勒（Frank Tipler）才会在其著作《永生物理学》（*The Physics of Immortality*）中主张，“允许创造智能机器的根本原因在于，没有它们的帮助人类注定灭亡。有了它们的帮助，我们才能也将会永存下去”。

不过，这些都没有那么快实现。即便不顾现有事实，假设计算机真的通过我的基因结构或神经生理结构制作出了仿真体，且该仿真体具有意识或智慧，但它是否能够存活，以及它存活后是否能够复活“我”均尚未可知。因为，即便这个仿真体真的很像一个人，一个曾在地球上生活过，如今定居在半人马座阿尔法星（Alpha Centauri）附近开始了新生活的人，但它终究只是我的仿真体而已，并不是真的我。

为了说清楚这一点，我现在做一个假设：在你 12 岁生日这天，一个仿照你制作的纳米机器人以近光速的速度飞离了地球，只是你自己并不知道，如今，这个机器人正快乐地在另一颗行星上栖居并探索着。据此，我们有理由推测，你不会得出自己现在正生活在另一颗行星上的结论。正因如此，我们才很难想象，在地球即将毁灭时得知自己的计算机仿真体会安全离开地球，并在漫长旅程后抵达新世界复活“我们”，能给我们带来什么安慰。

尤其是当我们坚持采用普通的人体运输时，跨恒星系的殖民就基本只是一个学术问题了，因为其中存在的技术障碍太过巨大，技术成本太过高昂。不过，有个问题还是值得我们认真思考的：如果我们真的有能力殖民银河系（及其他星系！），我们是否真的应该想要去这么做。假定我们想要这么做的动机是拯救人类，万一有一天太阳系就发生灾难了呢。不过，这些殖民地，尤其是跨恒星系的殖民地，距离地球太遥远，与我们之间势必存在生殖隔离，如此一来，在新的自然选择过程中，他们与我们之间将开始出现基因的分化，若再加上基因工程技术的运用，这个分化过程还会加快。短短数千年内，即便是生活在相对较近殖民地上的生物，就基因而言也会是与我们截然不同的物种。若再久一点，星系各处生活着的生物将各不相同，与我们自然也不相同了。不过，这一点对我们来说重要吗？假设我们发现了决定性的考古学证据，足以证明在 20 万年前，有一些古老的人类祖先离开地球去了其他星系。当世界末日近在眼前时，得知这个事实能让我们觉得安慰吗？

也许开拓殖民地的意义并不是让智人（Homo sapiens）[①]去更远、更多的地方，以便让另一个没有生命、无法思考的宇宙拥有生物的复杂性和智慧。假设我们生活在遥远星球上的后代是有智慧的，但这就能说明对那个宇宙而言，有这些殖民者比没有这些殖民者更好吗？人类对殖民火星的一些设想中包括：将火星大气层永久地“改造成像地球大气层那样”，以便让这个星球更适宜人类生活。如果真要这样做，就得先考虑这样一个问题：火星上的本土文化和景观得被改造到何种程度才算适宜西欧殖民者生活。在对其他行星进行此类改造前，我们应该慎重考虑一下，我们是否有权改造这些星球，改造它们是否真的是最好的选择。

当然，火星很可能是一个没有生命的寒冷荒漠，而一个有科学（和爱）的世界比一个没有这些的世界好或许是一个不争的事实，无须论证。不过，我们有必要记住一点，人类在地球上开拓殖民地时曾制造了巨大的痛苦和冲突。我们也确实从过去的殖民行为中看到了出现剥削和反抗的切实风险。我们真的想要让这种行为遍及全宇宙吗？太空殖民地与“旧世界”之间可能会因为资源的控制和分配而产生冲突。

就某种意义上说，自我们将资金用于发展太空探索技术开始，这种冲突就已经发生了，毕竟太空探索技术只会造福未来世代，无法满足当代人的需求。就连卡尔·萨根这样狂热的火星探险支持者都承认，短期内“我们迈向火星的最重要一步是让地球上的问题得到大幅改善。如今，我们的全球化文明面临着各种社会、经济和政治问题，即便是小幅的改善，也能够释放出庞大的人力、物力资源，用以服务其他目标”。

① 原为新人的分类名称，现指真正的现代人类。——译者注

正如预防灾难风险的普通保险一样，太空探险问题也势必涉及对当前需要和未来希望的权衡。这就引出了人们对离开地球计划的最后一个担忧：它可能会让我们滋生出自得的情绪，这将不利于我们处理当今世界所面临的诸多挑战。一旦人类只将地球视为始发站，而非永久的家园，我们就有可能像对待酒店房间和出租房一样对待地球，不知珍惜、肆意妄为。

如果开拓殖民地的最终目的是确保复杂生物体、意识和智慧不会彻底消失，并非只是为了人类的延续，那么我们应该考虑一下，这些在宇宙的其他角落是否业已存在？如果是的话，还可以为我们省去不少麻烦。地球外智慧生物（extraterrestrial intelligence，简称 ET）存在的可能性有多大？根据我们对宇宙学的了解，这个可能性似乎非常高。孕育生命的时间是足够的。宇宙存在已有 120 亿年，而在地球上，从单细胞进化到人类只需要约 40 亿年。孕育生命的地点也是足够的。毕竟宇宙中有数以千亿的星系，每个星系都有数以十亿计的恒星。就附近的一些恒星为例，最近已探测到有行星绕它们运行。我们没有任何理由认为这些恒星与太阳有本质的不同。而在太阳系中，我们已知 1 颗行星有生命，另外 2 颗（火星和金星）的环境不排除曾经有生命存在。鉴于宇宙中温度适宜生命生存的行星数量庞大，漫长的时间也足够生命进化，我们似乎很难相信智慧生物只会出现一次。如果我们将上文中“末日论”的论证原理用到这里，或许就会倾向于假设地球上的环境并没有那么特殊，并据此得出结论：地球外智慧生物存在的可能性很高。

大爆炸宇宙论中有一个著名的“暴胀模型”，根据该模型，因为从技术层面来说宇宙空间是无限的（这一点此处无须探讨），宇宙总体上是统一的（相同的物理定律适用于宇宙各处）。在这两个大前提下，宇宙中只可能存在有限多的物理排列，因此可认为，在任何地方出现的物理上可行的排列都会出现在无限多的其他地方。想象我们面前是一个无穷大的骰子点数集合。我们假设这枚骰子是规则的，因此只要投掷的次数是无限次，1 ～ 6 点出现的次数将完全一样。据此可以得出一个惊人的结论，每个细胞、每个基因组、每个文明都存在无穷多的复制品，遍布宇宙各处。如此说来，除了我们之外必然还有其他的智慧生物存在。

不过，即便这个论证是合理的（事实上是有争议的），也不等于在我们可实际接触到的宇宙空间范围内一定会有智慧生物存在。确实，根据我们对脱氧核糖核酸复杂性的了解，更不必说我们对人类大脑复杂性的了解了，那些存在智慧生物的地方，彼此之间将如同科幻世界所描绘得那般遥远且稀疏。也就是说，考虑到宇宙的总年龄，那些地方的光没有足够时间能够抵达我们这里——超越了“粒子视界”[①]或“可见宇宙”。据保罗·戴维斯（Paul Davies）估计，我们要抽取 $10^{39\,943}$ 个星系作为样本才有机会找到脱氧核糖核酸的复制品，不过，可见宇宙只有约 10^{10} 个星系。因此，尽管一些宇宙模型似乎论证了地球外智慧生物存在的确定性，但从中我们看不到任何能与地球外智慧生物偶遇的可能性。

考虑到我们所在的银河系就有数量庞大的恒星和行星，也许这里面就有地球外智慧生物的存在呢。毕竟我们就是智慧生物，我们也没有理由认为自己的存在有多特殊。也许我们的存在就足以说明银河系

① 指粒子在宇宙总年龄里到达观测者的最大距离。——译者注

的某种特质是适合孕育生命和智慧的，因此，我们应该为偶遇做好准备。不过，这种推理可能具有误导性。如果地球就是银河系中唯一允许智慧存在的行星，那么我们的存在就既非意料之外，亦非有多特殊了——毕竟，除了支持生命存在的行星之外，智慧生物还能在哪里诞生呢？从这个意义上说，我们存在于一个允许智慧诞生的行星上并不是一个巧合，这与它的数量是唯一还是数以十亿计无关。

为了说明这一点，我以俄罗斯轮盘赌为例。在这场游戏中，玩家们每人都有一把枪，我的那把枪恰好没有装子弹。如果只因“我与其他人一样，没什么特殊的”，我便认为其他枪手也和我一样安全，那么就太草率了。因为，即便数千把枪中只有一把没有装子弹，也不能说明唯一的幸存者选择了唯一一把没有子弹的枪是种巧合。没有装子弹的枪如果不是被幸存者选中，还能被谁选中呢？

这种推理依赖于宇宙学家所说的“人择原理”。该原理的最早提出者布兰登·卡特（Brandon Carter）是这么说的：“我们有望观察到什么必然受我们成为观察者所必需的条件所限。”在俄罗斯轮盘赌的例子中，拿到没有装子弹那把枪的我只能观察到茫然站在那里的自己，并不能观察出其他枪支中是否装有子弹。将人择原理应用到地球外智慧生物问题上的结论是，我们生活在一个允许智慧存在的行星上并不足以证明宇宙中还有许多此类行星存在，因为无论这个行星有多寻常或多不寻常，我们的观察结果都不会变：我们生活在一个允许智慧存在的行星上。换言之，“我们没有邻居”与“我们有邻居”这两个假设所预测的观察结果是一样的，我们会观察到自己待在家里。而这个观察结果对这两个假设的证明力度也是一样的。若要确定我们是否真的与众不同，就必须有除我们存在本身以外的信息。

用于论证地球外智慧生物存在的所有数据——银河系可能存在数以百万计的允许生物存在的行星，再加上一个小小的事实——我们还未收到任何地球外生物的消息，便可以得出一个重要的论点：我们很可能是孤独的存在。我们将俄罗斯轮盘赌的类比再拓展一些，假设游戏最后万籁俱寂，甚至是死寂。那么，我们似乎可以得出一个惊人的结论，在这场游戏中，只有一把未装子弹的枪。银河系有约 1 000 亿颗恒星，如果我们不是孤单的，那么在其他文明中应该至少有一个达到了技术发达水平，具备与我们取得联系的能力。若真是如此，就得回到物理学家恩里科·费米（Enrico Fermi）最早提的那个问题，为什么我们还没有听到他们的消息？一个显而易见的答案是：他们并不存在。

物理学家弗兰克·德雷克（Frank Drake）尝试将费米的问题具体化，他提出了一个等式，所包含参数有：银河系内宜居行星的数量、这些行星出现生物的可能性、智慧文明可以发展出恒星系间通信方式的可能性、这个文明得延续多久才不会在联系到我们之前灭亡等。给这些变量带入不同的数值，最终得出的可通信文明数量千差万别。就连德雷克本人也于最近改变了自己的最初估计值，将该估计值增加到 1 万以上。不过，若撇开小报上离奇且基本不足信的“亲密接触”报道，我们似乎还没有收到任何来自地球外的联系。我们也不是没有主动寻找。“搜寻地外文明计划”（Search for Extraterrestrial Intelligence，简称 SETI）已对无线电信号监测了数十年之久。无论正确与否，对“大寂静”（great silence）的最佳解释或许就是：我们真的是孤独的存在。

这一论证与常用于否定时光旅行可能性的论证类似。如果时光旅行是可能的，那么这种技术终有被发现的一天，但我们至今还未见过来自未来的旅客。一个合理的解释是，时光旅行是不可能的。当然，要解释为何我们至今还未见过来自未来或其他行星的旅客并不是只有这一种办法。也许他们是存在的，只是因为某种原因而隐藏了自己，或者他们知道有我们存在，但认为不值得与我们结识。不过这些解释都是我们一时的想象而已。要替代“时光旅行是不可能的”这一解释，更好的选择是：我们的文明将在研发出能回到过去的技术或机器前终结。地球外生物的存在也适用类似的解释：要么是地球外智慧生物因为某种原因而不可能首先出现在我们面前，要么是曾与我们的文明同时存在的发达外星文明在发展出跨恒星系通信方法前就被摧毁了。无论哪种解释是正确的，是智慧生物极其稀有，还是发达文明格外脆弱，它们给人类提供了一个认真对待现有危机的理由。

科学哲学新视野 PHILOSOPHY OF SCIENCE

微调、多重宇宙和有生源说

正如我们在第2章中看到的，智慧设计论的支持者主张，某些生物结构的功能太复杂，不可能是偶然产生的。一些宇宙学家也用了类似的推理方式，不过并不是为了证明智慧设计者的存在。他们主张的是，生命、意识存在所必需的物理和生物条件本身是如此的不可思议，因此，我们所存在的这个宇宙必定是众多宇宙之一。只要基本力有哪怕一丁点的不同，或强或弱，或者说，只要宇宙在大爆炸后的膨胀速率有些微的不同，那么就不会出现生命存在所必需的元素了：碳、氧、氢等。

多重宇宙假说的基本思想是，尽管每一个物理常数本身都是不可思议的，但它们都是意料之中的，因为它们都存在。假设你的老板已经连续三年赢得了办公室的年度抽奖。你可能会怀疑有人在幕后操纵抽奖——直到你发现他（她）几乎将所有出售的彩票都买了下来。既然他（她）几乎将所有的彩票都买了下来，那么他（她）得奖也在意料之中了。类似地，既然所有的宇宙都存在，那么这个宇宙的存在也就没有值得惊奇的了。多重宇宙理论加上人择原理就可以解释为什么允许生命存在的宇宙如此稀少，我们恰好生活在其中一个里：我们还能观察到什么样的宇宙呢？

生物学领域在解释生命起源时也遇到了类似谜题：无机分子随机组合成氨基酸、蛋白质和核酸（比如脱氧核糖核酸和核糖核酸，即 DNA 和 RNA）的可能性是极低的。根据天体物理学家弗雷德·霍伊尔（Fred Hoyle）的估算，氨基酸组成常见蛋白质的概率堪比一大群盲人同时还原了 3 阶魔方的概率，非常低。当然也有人质疑霍伊尔的估算，生命起源也仍然是分子生物学领域的热门探究问题。不过，霍伊尔是坚定的“有生源说”（panspermia）支持者，他提到该理论的次数连自己都会惊讶。该理论认为生命的构成要素在宇宙中无处不在，地球上的生命源于外太空。尽管该理论得到了脱氧核糖核酸联合发现者弗朗西斯·克里克的支持，但还是备受争议。多元宇宙假说也是如此。这两种假说都是为了说明，非常不可思议但偶然发生的状况都是不可见背景现象的正常结果，不足为奇。

对微调还有别的解释，比如有神论者的设计假说。另一种可能性是宇宙的不可思议根本无须解释。有一种观点认为，我们业已存在，那么宇宙为我们的存在提供了条件又有什么值得惊讶的呢。这也是人择原理支持者竭力主张的。也或许，宇宙允许生命和智慧存在就是极其不可思议但又是“简单粗暴的事实”。毕竟，生命本身就充满了不可思议的事件：你抽到的任何一手牌，促成你父母相遇的一系列事件，你自己的基因概况等。也许宇宙允许生命存在就只是宇宙的一次侥幸而已。

超越人类

不可否认的是，人类的存在方式早已发生了改变，科学和技术从许多方面改善了我们的生活。那些生活在发达国家的人活得更长久、更健康、更舒适，也有更多的旅行机会、智力和文化探索机会、简单娱乐机会。到目前为止，这些生活的改善主要来自科技对人类环境的改造：更安全、更充足的食物和饮水供给，气候可控的庇护所，可击败危险病毒和细菌的药物，以及令人眼花缭乱的电子娱乐方式。

不过，现在的科学开始越来越多地探索能够更“直接”改进人类存在方式的手段，也就是改进人类本身的手段。对试管中的人类胚胎进行基因操控不仅可能预防遗传性疾病，还可能“增强”身高、一般智力水平等优良特质。未来的计划生育可能是多种手段相结合的，包括基因操控、从精子和卵子市场有目的性地买进“优质”基因、克隆和传统的性交繁殖。我们当然会希望从基因层面确保自己的子孙有更好的未来，正如我们可能现在就会为他们将来生活得更富足而进行投资。

除了基因疗法之外，还有一些别的科学手段可以实现人类增强（human enhancement）。比如借助药物实现的“美容神经学”（cosmetic neurology），也许就在不久之后，那些没有脑损伤的人也可以通过药物提高自己的记忆能力和认知能力。目前为治疗阿尔茨海默病和癫痫病而进行的大脑内、外部电刺激研究也许可延伸到更基础的领域，缓解普通的“脑雾”[①]症状。各种“脑机接口”（brain-machine interface，简称 BMI）方式也许可以大大增强人类感性知觉的敏锐度，并大大拓展人类运动控制的范围，常用于治疗听力损失的人工耳蜗移植就是一例。

最常见的反对人类增强的理由是，它有损人类的固有尊严，它暗示人类就像工艺品，有一部分需要被改进。这一反对理由的矛盾之处在于，它是有选择性地在主张人类尊严，利用技术手段治疗基因等各方面的缺陷不会有损人类尊严，但同样利用技术手段对人类进行增强和美化就是有损人类尊严。另一反对人类增强技术的理由是担心人类增强将主要服务于那些经济实力最强的人，这一观点也普遍适用于先进医疗技术的发展。此外，人们对基因增强的一个特殊担忧是，它可能会帮助已占优势的种族和社群进一步扩大优势，加剧不平等，而这就如同一名人类增强捍卫者所言，相当于一种形式的“自由优生学”（liberal eugenics）了。

正如我在本章开头提到的，一些研究人员猜测，利用第一代人类增强技术提升的智力可能进一步加快人类增强领域的发展：我们越聪明，就越擅长开发让自己继续变聪明的方法。如果未来人类的认知主

① 脑雾指各种大脑反应迟钝、思维不够清晰的症状。——译者注

要依赖于无机的技术，并可以通过互联网等网络进行传播，传统的繁殖方式也直接被不受进化局限限制的基因工程所取代，那么到这一天，人类也许就会“超越”人类。所有这些人类增强将把我们带向何方？尼克·波斯特洛姆是“超人类主义”（有时也被称为“后人类主义”）哲学的领军人物，他想象了一封“来自乌托邦的信”（Letter from Utopia），宣扬超人类未来（transhuman future）的极乐：

> 我的意识是宽广而深邃的，我的生命是绵长的。你们世界的书，我已尽览，且远不止于此。我以不同的视角，经历了不同的生活：从丛林到沙漠，从贫民窟到宫殿，从荒野、郊区的小溪到城市的后巷。我曾在文化的汪洋中航行、畅游、下潜……你们可以说我是开心的，说我感觉不错。你们可以说我无比幸福。不过，这些词都是造来形容人类感受的。我的感受已超越了人类的感受，正如我的思想也超越了人类的思想一样。我真希望可以将自己内心所想展示给你们看一看。要是我能将自己意识里的生活与你们共享哪怕一秒就好了！

这个描述听起来相当美好。不过，超人类的发展也会伴随风险，比如科幻小说读者所熟知的反乌托邦设想。技术可能会大规模失灵，或者落入歹人之手，或者点燃在一旁伺机而动的嫉妒之神的怒火。不过，即便一切顺利，不会出现那些危险，我们也无从得知超人类主义乌托邦是否是我们应该向往的目的地。在进一步分析探讨人类未来时，波斯特洛姆明确了“后人类状态”的许多特点，包括：

- 大多数人在绝大多数时候都能完全控制自己的感官输入。
- 人类心理上的痛苦变得十分罕见。
- 预期寿命超过 500 岁。

先考虑后人类状态的第一个特点。我可以利用先进的脑机接口技术制造出任何我想要的体验：环球之旅、科学研究或热辣约会。因为知道用程序模拟体验会比实际体验的成本更低，或者因为知道模拟体验结束会带来沉重的失望感，所以我可能会选择一个长期的模拟程序，模拟的生活与寻常生活没什么不同，只是会更加有趣也更令人满足。波斯特洛姆认为，此类模拟可能是后人类存在的最终形式。事实上，他甚至主张，我们也许已经是后人类了，正生活在为怀旧或历史研究而设计的大型模拟程序中！

我们真的会选择以这种方式来制造生活体验，用脑机接口来调节和增强生活体验，或者完全通过模拟程序来凭空建构生活体验吗？哲学家罗伯特·诺齐克（Robert Nozick）在 30 年前就曾仔细研究过这个问题。诺齐克关心的是终极价值的本质。为了让人们对快乐是最高的善这一享乐主义观点产生怀疑，他提了一个问题，我们会不会想要在体验制造机（experience machine，简称 EM）中度过部分或全部的人生。我们会漂浮在一个箱式容器内，大脑与计算机程序相连，该程序可以让我们体验想要体验的一切。从内心来说，我们将度过无比快乐、刺激和满足的一生。但从外在来说，我们的身体将是苍白无力、褶皱萎缩的，完全依靠静脉滴注和呼吸机活着。

面对这个假设性的提议，绝大多数人会说，他们更愿意留在真实世界里，尽管这里的生活并不完美，也会有失望。其实，人们对进入体验制造机犹豫不决的一些常见原因与后人类状态本身无关。这些原因包括：永远离开家人和朋友，走出体验制造机时的失望，体验制造机技术员可能存在的失职或恶意，等等。

不过，让我们选择留在机器外面的更深层次原因是：我们想要的不只是看似在旅行、在帮助他人、在制作艺术品，而是能够真实地去完成这些事。这一点在帮助他人和自主学习上表现得尤为明显，从事这两类活动的价值似乎不只有实践中能获得的体验，还有活动本身与其对象间的关系。如果特蕾莎修女（Mother Theresa）或阿尔伯特·爱因斯坦从美梦中苏醒，发现自己最大的成就与现实世界毫无关系，那么他们是否还会深情地回顾自己的幻想生活呢？这应该是不太可能的。如此一来，这样的体验又有何值得期待的呢？在后人类状态下，我们将完全掌控自己的感官输入，我们甚至有可能完全脱离自己的肉体，如此一来，我们也就失去了与这个世界之间的因果联系，但正是有这个因果联系的存在，才会让某些体验显得格外重要且不可取代。

与“真实”的联系比一切体验都宝贵这一观点其实并不好懂，但即便承认这个观点，后人类主义者也会反对将与“真实”有无联系作为纯体验与现实之间的区别，他们认为纯体验和现实就是连续统一体。即便是普通人在清醒时的生活，其与“真实世界”的联系也是有诸多因素在其中调节的，也是在一定程度上受我们自己控制的。我们的认识是由我们的语言、概念和理论构造的，也会受我们的教养和个性所影响。人类一直以来都在利用艺术、旅行、酒精饮料等等手段控制着自己的感官输入。未来技术所提供的只是一套更为有效的工具，能帮我们在所拥有的世界中塑造出更快乐的生活。

再说说后人类状态的第二个特点：让“人类心理上的痛苦变得十分罕见”应该成为科学的目的之一吗？如果慢性抑郁、恐惧和自我厌恶等困扰诸多现代人的心理痛苦在后人类时代都将消失，那么这倒可以成为我们欢迎该时代的一个理由。不过，我们并不十分清楚自己是否应该努力让心理痛苦变得“罕见”。除了“痛苦是艺术的养分”这种广为人知的理由外，有的人也许还会提出：对绝大多数人来说，失望、罪孽、悔恨、焦虑等各种各样的心理痛苦与成就、智慧、怀旧、宽慰等重要的善之间似乎存在着千丝万缕的联系。当然，未来的心理学也可能改变成就感的来源，成就感的多寡将不再取决于之前的拼搏与失败。不过，这样一来我们又得面对之前提过的担忧：“人造的”幸福感不是我们应该力争实现的目标，也不是我们集体的至善。

后人类状态的第三个特点是可以活到500岁以上，甚或是长生不死。该特点非常诱人，但同样存在很多问题。超人类主义的支持者指出，长生不死的承诺在宗教领域存在已久，是许多宗教的核心（和摇钱树），一般来说，人似乎都宁愿活得更久一些。不过，即便我们真的能够长生不死，而且身体和精神都能免于衰老所带来的一切影响，这真的就是我们想要的吗？确实，若能永生，我们就能有机会将文学、艺术和科学推向如今难以企及的高度、深度和广度。不过，在反反复复地阅读和聆听了一切主要的文学与音乐作品后，在精通了科学和数学后，在探究了一切令人厌烦的人际关系后，我们的生活难道不会变得冗长乏味，变得难以忍受吗？

当然，有的人也许会在生活了 500 年后发展出意料之外的新兴趣。不过，那些我现在没有，但可能会在遥远的后人类时代发展出的兴趣真的会成为我想要活到那个时候的理由吗？正如哲学家伯纳德·威廉斯（Bernard Williams）曾强调的，当我们考虑如果度过一段非常漫长的人生时，必然会面临一个困境：要么是耗尽自己的一切兴趣，陷入无尽的无聊之中；要么是在遥远的未来发展出与现在截然不同的兴趣和担忧，不过，那些兴趣和担忧与其说是我的未来，不如说是由我进化而来的另一个人的未来。

无论我们是否命中注定会进入后人类阶段，也没有什么是永恒的。自 19 世纪以来就一直有物理学家推测宇宙的最终命运是“热寂”。根据热力学第二定律，当现有的能量源耗尽，宇宙的热将会缓慢地传递至每个角落，让每个角落的热量保持一致。宇宙似乎有可能永远膨胀下去，但无论其结局是永远膨胀，还是在“大收缩”中土崩瓦解，其中存在的恒星都会在 1 万亿年内燃烧殆尽，最终就连原子都会分裂，而在此过程中，有机生物存在的条件会更快消失。即便人类被“加载”到了机器人或计算机里，当热寂逼近，任何有条理的信息加工都不可能进行（尽管一些人猜测某些智能系统具有“主观上的”永恒性）。

正如波斯特洛姆所说，看似不可避免的热寂其实是后人类主义者的“某种个人担心问题”。古希腊哲学家伊壁鸠鲁对死亡的态度与此截然不同：“死亡与我们毫不相干。我们存在之处，死亡不存在；死亡存在之处，我们不存在。”伊壁鸠鲁的意思是，对死亡的恐惧源自我们自己的想象，我们把死亡想象成自己未来的状态，而且这种状态可能是非常无聊或非常悲伤的。但死亡并不是我将进入的一种状态——死亡中没有“我”，又何来我的状态。我不应该为“我不存在”而苦恼，因为它不可能发生在我身上，毕竟那时我已经不存在了。伊壁鸠鲁的支持者罗马哲学家提图斯·卢克莱修·卡鲁斯（Titus Lucretius Carus）设计了一个思想实验，用以治疗死亡焦虑：想一想在你出生前流逝的数百年时光。没人会因自己不曾存在于那些时光中而咒骂，但这恰恰完美反映了死亡。

人类灭绝这一前景真正令人沮丧之处也许不是个人的死亡，而是人类文化的最终毁灭：伟大的音乐、文学、科学都将不复存在。在未来的数十亿年里，这一切会仿佛不曾存在过。确实如此。不过，任何事物，即便未来将不再重要，似乎也丝毫无损于其现在的重要性。换作卢克莱修，他也许会说数十亿年前也没有艺术和科学。那时若有，也许会是件好事，不过，即便没有，我们也必然不会将此视为悲剧。

对人类而言，过去不存在与未来不存在也许存在着一个关键区别：灭绝正在向我们走来，而人类出现以前的岁月已在我们身后。不过，该区别中暗含着这样的时间概念：时间是从过去流进未来的。无论这一概念在人类观念里有多根深蒂固，它其实并没有得到现代物理学的认可。如果我们将宇宙看作巨大的四维时空流形，我们就找不出正从过去前往未来的“现在”。时间的流速到底是多少？客观来看，或“从永恒的角度来看”，正如哲学家斯宾诺莎所说，一切时代都是同样真实的：人类存在之前与之后的漫长时光，还有人类繁盛的短暂岁月，都是同样真实的。就此而论，爱因斯坦在朋友米歇尔·贝索（Michele Besso）刚刚去世时安慰其妻的话也可以宽慰我们：“他只是比我早一点点离开这个拘束的世界。这并不意味着什么。像我们一样相信物理学的人都知道，过去、现在和未来之间的区别只是顽固不化的错觉。”当生命终结，人类文化仍然存在，只不过是存在于过去。希望它永远存在就太过分了，无异于希望巴黎时时处处是春天。

要点总结

1. 人类面临的主要威胁有战争、疾病、偶然爆发的技术性灾难、气候变化等，这些风险都是人类技术的产物。
2. 寻找应对威胁的最佳对策时，可以通过使用分析采取或不采取行动的预期成本来做出决策。
3. 人类吝惜善意的本性可以帮助我们避免公地悲剧的发生。这一本性是在进化过程中获得的。
4. 人择原理：我们有望观察到什么必然受我们成为观察者所必需的条件所限。
5. 死亡与我们毫不相干。我们存在之处，死亡不存在；死亡存在之处，我们不存在。

第 1 章　科学的起源

古代科学

讲述古代科学的高质量通俗读物有：*Greek Science in Antiquity,* by Marshall Clagett (Abelard-Schuman Inc, 1955)；*Early Greek Science: Thales to Aristotle* by G. E. R. Lloyd (W.W. Norton, 1970)；*The Beginnings of Western Science,* by David C. Linderg (University of Chicago, 1992)。更技术性和学术性的研究有：*Ancient Science through the Golden Age of Greece,* by George Sarton (Dover Publications, 1993)；*The Exact Sciences in Antiquity,* by Otto Neugebauer (Brown University Press, 1957)。

中世纪和文艺复兴时期的科学

讲述中世纪到文艺复兴期间科学的可靠记载有：*A History of Natural Philosophy,* by Edward Grant (Cambridge University

Press, 2007)；*The Science of Mechanics in the Middle Ages,* by Marshall Clagett (University of Wisconsin Press, 1959)；*Causality and Scientific Explanation,* Vol. 1: *Medieval and Early Classical Science,* by William A. Wallace (University of Michigan Press, 1972)；*The Foundations of Modern Science in the Middle Ages,* by Edward Grant (Cambridge University Press, 1996)；*The Scientific Renaissance, 1450 - 1630,* by Marie Boas Hall (Dover Publications, 1962)；*Man and Nature in the Renaissance,* by Allen Debus (Cambridge University Press, 1978)。皮埃尔·迪昂所著的宇宙学权威巨著 *Système du Monde* 共 11 卷，涵盖了柏拉图到哥白尼时期，现已出版有单册简译本：*Medieval Cosmology,* edited and translated by Roger Ariew (University of Chicago Press, 1985)。

哥白尼革命

伽利略的 *Dialogues Concerning the Two Chief World System* 是科学史上最能令知识分子们兴奋的杰作之一，其标准英文译本的译者为 Stillman Drake (Modern Library, 2001)。Finocchiaro 主编的 *The Galileo Affair: A Documentary History* (University of California Press, 1989) 汇集了许多主要文献，包括最重要的“信件”。在现代宇宙学家史蒂芬·霍金所著的 *On the Shoulders of Giants: The Great Works of Physics and Astronomy* (Running Press, 2003) 一书中，有大量关于哥白尼革命的偏技术性论述。讲述哥白尼革命历史的优质通俗读本有：*Sleepwalkers,* by Arthur Koestler (Penguin, 1990)；*From the Closed World to the Infinite Universe,* by Alexandre Koyré (Johns Hopkins, 1968)；*The Copernican Revolution,* by Thomas Kuhn (Harvard,

1992)。*Galileo at Work,* by Stillman Drake (Dover, 2003) 是一本优质的科学家传记；*Galileo, Bellarmine and the Bible,* by Richard J. Blackwell (Notre Dame Press, 1992) 解释了伽利略事件中所涉及的宗教内容；*Galileo' s Daughter,* by Dava Sobel (Penguin, 2000) 一书则以动人的笔触勾勒了一个有血有肉的伽利略，但又兼具学术价值；*Galileo, Courtier,* by Mario Biagioli (Chicago, 1994) 讲述了伽利略职业生涯中具有争议且相当不光彩的一面。

科学革命

笛卡儿的 *Discourse on Method* (Hackett Publishing, 1999) 浅析了他自己的哲学观和科学观，同样，威廉·哈维的 *Circulation of the Blood* (Elsevier, 1971) 和罗伯特·波义尔的 *Philosophical Papers* (Hackett, 1991) 也分别讲述了自己的哲学观和科学观。标准英文版的牛顿的 *Principia* 比较艰涩，责编为 I. B. Cohen 和 Anne Whitman (University of California, 1999)；Andrew Janiak 所出的牛顿文集 *Philosophical Writings* (Cambridge, 2004) 十分实用；Roger Ariew 最近新出了一版 *Leibniz-Clarke Correspondence* (Hackett, 1999)。*Never at Rest,* by Richard Westfall (Cambridge, 1983) 是一本详尽无遗的牛顿传记；James Gleick 的 *Isaac Newton* (Vintage, 2003) 则要简短得多。一些概述科学革命的著名作品有：*The Metaphysical Foundations of Modern Science,* by E. A. Burtt (Dover, 2003)；*The Construction of Modern Science,* by Richard Westfall (Cambridge, 1978)；*The Revolution in Science* by A. Rupert Hall (Addison Publishing, 1983)；*The Scientific Revolution,* by Steven Shapin (University of Chicago, 1996)；*The Mechanization of the World Picture,* by E. J. Dijksterhius (Princeton, 1986)；*The Bible, Protestantism and the Rise of*

Natural Science, by Peter Harrison (Cambridge, 2001)。

第2章　定义科学

可检验性和界限

卡尔·波普尔：*The Logic of Scientific Discovery* (Routledge, 2002)；*Conjectures and Refutations* (Routledge 2002)；*The Open Society and Its Enemies* (Routledge, 2006)。欲详细了解关于波普尔科学理论的解释和辩护，可阅读：*Critical Rationalism,* by David Miller (Open Court, 1994)。托马斯·库恩：*Structure of Scientific Revolutions* (University of Chicago, 1996)。拉卡托斯：*Methdology of Scientific Research Programmes* (Cambridge University, 1978)；*Freud and the Question of Pseudoscience,* by Frank Cioffi (Open Court, 1999)；*Why People Believe Weird Things,* by Michael Shermer (Holt, 2002)。

智慧设计论

为传统设计论辩护的作品有：William Paley, *Natural Theology* (Oxford University Press, 2008)，相应的评论可阅读：David Hume, *Dialogues Concerning Natural Religion* (Hackett, 1998)。为智慧设计论辩护的主要作品有：*Darwin on Trial,* second edition, by Phillip Johnson (InterVarsity Press, 1993)；*Darwin's Black Box,* second edition, by Michael Behe (Free Press, 2006)；*The Design Inference,* by William Dembski (Cambridge University Press, 2006)。讲述对

智慧设计论哲学批评的作品有：*God, the Devil and Darwin,* by Niall Shanks (Oxford University Press, 2003)；*Living with Darwin,* by Philip Kitcher (Oxford University Press, 2007)；*Darwinism and Its Discontents,* by Michael Ruse (Cambridge University Press, 2008)。

弦理论

物理学家们批评弦理论的详尽论述有：*The Trouble with Physics,* by Lee Smolin (Mariner Books, 2006)；*Not Even Wrong,* by Peter Woit (Basic Books, 2006)。为弦理论辩护的通俗读物有：*The Elegant Universe,* by Brian Greene (Norton, 2003)；*Warped Passages,* by Lisa Randall (Harper Collins, 2005)。这两本书都有理有据，也都有直接探讨到可检验性的问题。

第 3 章　科学方法

演绎主义对归纳主义

欲阅读牛顿和笛卡儿的主要作品，参见延伸阅读的第 1 章部分。欲阅读探讨他们方法的佳作，可阅读：*The Newtonian Revolution,* by I. B. Cohen (Cambridge University Press, 1983)；*Descartes' Philosophy of Science,* by Desmond Clarke (Manchester University Press, 1982)。

培根的归纳机器

培根关于科学方法的最重要作品就是*New Organon,* edited by Lisa

Jardine and Michael Silverthorne (Cambridge University Press, 2000)。简要概述培根方法的作品有：*Francis Bacon's Philosophy of Science,* Peter Urbach (Open Court, 1987)，该书认为培根并不是全然反对假设的。

穆勒的方法

穆勒的 *System of Logic* 收录在 *Collected Works,* edited by J. M. Robson and R. F. McRae (University of Toronto Press, 1973) 中，为第 7 卷和第 8 卷。几乎所有的逻辑学课本都会介绍他的因果推理方法，比如：*A Concise Introduction to Logic,* ninth edition, by Patrick Hurley (Wadsworth, 2005)。关于穆勒归纳主义的概述，可阅读 Geoffrey Scarr 的一篇文章，收录于 *Cambridge Companion to Mill,* edited by John Skorupski (Cambridge University Press, 1998)。休厄尔关于科学方法的主要作品，包括他对穆勒的评论文章，均收录于 *Theory of Scientific Method,* edited by Robert E. Butts (Hackett, 1968)。

波普尔的演绎主义

关于波普尔，除了第 2 章延伸阅读部分所列著作外，有的读者可能还想阅读其诸多作品简短摘录的合集：波普尔学生 David Miler 主编的 *Popper Selections* (Princeton, 1985)。近期关于波普尔哲学的“批判性评价”有：*Karl Popper,* by Anthony O'Hear (Routledge, 2003)。

亨普尔的假设演绎主义

在亨普尔论方法的主要论文中，有数篇再版于*Aspects of Scientific Explanation* (Free Press, 1965)。亨普尔关于20世纪中期科学哲学中一些标准难题的论述可见于*Philosophy of Natural Science* (Prentice-Hall, 1966)。欲阅读关于逻辑经验主义史的学术论文集，可阅读：*Cambridge Companion to Logical Empiricism,* edited by Alan Richardson and Thomas Uebel (Cambridge University Press, 2007)。

相对主义和无政府主义

推荐阅读经典之作：*Structure of Scientific Revolutions* (University of Chicago Press, third edition, 1996)，还有收录了众多重要论文的论文集*The Essential Tension* (University of Chicago, 1977)。关于库恩研究成果和影响的研究很多，比如*Thomas Kuhn,* by Alexander Bird (Princeton, 2000)。近期出版的关于库恩的论文集有：*Thomas Kuhn,* edited by Thomas Nickles (Cambridge University Press, 2003)。N. R. 汉森最有影响力的著作是：*Patterns of Discovery* (Cambridge University Press, 1958)。费耶阿本德值得一读的作品有其代表作*Against Method*, revised edition (Verso Press, 1988)，也有其自传*Killing Time* (University of Chicago Press, 1996)。

整体论和自然主义

迪昂在科学哲学领域最为重要的部分著作收录在Pierre Duhem: *Essays in the History and Philosophy of Science,* edited by Roger Ariew and

Peter Barker (Hackett, 1996) 中。详细阐述蒯因整体论和自然主义的论文收录于 *From a Logical Point of View* (Harvard University Press, 1953) 和 *Ontological Relativity* (Columbia University Press, 1969)。罗纳德·吉尔在他的 *Explaining Science* (University of Chicago, 1988) 一书中为“自然化的科学哲学”进行了辩护。欲阅读“实验哲学”论文集，可阅读：*Experimental Philosophy*, edited by Joshua Knobe and Sean Nichols (Oxford University Press, 2008)。

第 4 章　科学的目的

科学实在论

近期探讨科学实在论并为其辩护的佳作有：*Scientific Realism: How Science Tracks Truth,* by Stathis Psillos (Routledge, 1999)。Jarret Leplin 主编的 *Scientific Realism* (University of California Press, 1984) 中收录了支持和反对实在论的富有影响力的论文。Arthur Fine 批评无奇迹论证想当然的文章是 “Piecemeal Realism,” *Philosophical Studies* 61: 79 - 96 (1991) 和 “The Natural Ontological Attitude”，后者收录于 Leplin 主编的那本论文集中。德摩根对 “对手谬论” 的解释见于 *Formal Logic* (Taylor and Walton, 1847)。关于悲观归纳的经典论述出自 Larry Laudan 的文章 “A Confutation of Convergent Realism”，同样收录于 Leplin 主编的论文集中。各种版本的非充分决定性论证（穆勒的除外，见第 3 章）可见于：Pierre Duhem, *The Aim and Structure of Physical Theory* (Princeton University Press, 1991)；Bas Van Fraassen, *The Scientific Image* (Clarendon Press, 1980)，书中还有范·弗拉森从进化角度对

科学成功的解释。*Images of Empiricism,* edited by Bradley Monton (Oxford University Press, 2006) 收录了近期关于建构经验论的论述。

最近，基于可能存在“尚未提出的替代理论”这一可能性，有一本为反实在论辩护的书十分有趣：*Exceeding our Grasp,* by P. Kyle Stanford (Oxford University Press, 2006)。最近，John Cottingham 等人为笛卡儿的《第一哲学沉思集》推出了优质的新版本 *Meditations* (Cambridge University Press, 1996)。为不同版本渐进实在论辩护的著作有：Popper, *Objective Knowledge* (Oxford University Press, 1972)；Niinliluoto, *Truthlikeness* (D. Reidel, 1987)；Kitcher, *The Advancement of Science* (Oxford, 1993)。颇有影响力的结构实在论辩护之作有：Worrall, “Structural realism: The best of both worlds?” *Dialectica* 43: 99－124 (1989)。

反实在论的不同版本

经典的工具主义著作有：Duhem, *The Aim and Structure of Physical Theory;* E. Mach, *The Science of Mechanics* (Open Court, 1960)。探讨多种不同类型还原主义的佳作有：Hempel, *Aspects of Scientific Explanation*（参见延伸阅读的第 2 章部分）; Nagel, *The Structure of Science* (Routledge, 1961)；Suppe 主编的 *The Structure of Scientific Theories* (University of Illinois Press, 1977)。范・弗拉森提出建构经验论并为其辩护的著作是 *The Scientific Image*。还可阅读：*The Empirical Stance* (Yale University Press, 2004)。*Images of Science,* edited by Paul Churchland and Clifford Hooker (University of Chicago, 1985) 收录了对范・弗拉森观点的诸多批判性评论，值得一读。库恩对概念相对主义的论证见 *Structure of Scientific Revolutions*（参

见延伸阅读的第 2 章部分)。后来，库恩的观点有所缓和，具体可阅读：*The Road Since Structure* (University of Chicago, 2002)。古德曼的相对主义观点见 *Ways of Worldmaking* (Harvard University Press, 1978)。为统一性辩护及解释的作品有：Kitcher, “Explanatory unification and the causal structure of the world” in P. Kitcher & W. Salmon, eds, *Scientific Explanation* (University of Minnesota Press, 1989)。也可阅读上文中提到的 Nagel 和 Suppe 的作品。John Dupré, *The Disorder of Things* (Harvard University Press, 1993) 对还原主义和科学的统一给出了批判性的评价。概述行为主义的作品有斯金纳的 *Science and Human Behavior* (Macmillan, 1953)。乔姆斯基对行为主义颇有影响力的评论文章为：“Review of Verbal Behavior,” *Language*, 35, 26 - 58 (1959)。福多对还原和统一的评论见 “Special sciences, or the disunity of science as a working hypothesis,” *Synthese* 28: 77 - 115 (1974)。明确为“出现”辩护的有：*Mind and the Emergence*, by Philip Clayton (Oxford University Press, 2006)。从多元论视角探讨科学目的的诸多作品见 *Scientific Pluralism*, edited by Stephen Kellert, Helen Longino and Kenneth Waters (University of Minnesota Press, 2006)。

第 5 章　科学的社会维度

科学社会学

The Sociology of Science, by Robert Merton (University of Chicago, 1979). 推荐阅读库恩的 *Structure of Scientific Revolutions*，此外还有他探讨科学的社会维度之作 “Objectivity, Values and Theory Choice” in *The Essential*

Tension (University of Chicago, 1977)。(固执己见地)概述科学哲学与科学社会学间关系的著作有：*Social Epistemology,* second edition, by Steve Fuller (Indiana University Press, 2002)。

强纲领

Knowledge and Social Imagery, second edition, by David Bloor (University of Chicago, 1991); *Scientific Knowledge: A Sociological Approach,* by Barry Barnes, David Bloor and John Henry (University of Chicago, 1996); *Leviathan and the Air Pump,* by Steven Shapin and Simon Schaeffer (Princeton University Press, 1989); *A Social History of Truth,* by Steve Shapin (University of Chicago, 1995).

社会建构主义

Laboratory Life, by Bruno Latour and Steve Woolgar (Princeton University Press, 1986); *Pandora' s Hope: Essays on the Reality of Science Studies,* by Bruno Latour (Harvard University Press, 1999); "Has Critique Run out of Steam?," by Bruno Latour, *Social Inquiry* 30: 225 – 248 (2004); *The Social Construction of What?* by Ian Hacking (Harvard University Press, 1999); *Social Constructivism and the Philosophy of Science,* by Andr é Kukla (Routledge, 2000). *Defending Science – Within Reason,* by Susan Haack (Prometheus, 2003).

索卡尔的骗局

索卡尔的骗局文章原稿、他的揭露稿、《社会文本》编辑们的回复和斯坦利·费希、菲利普·基切尔、史蒂文·温伯格等人的评论性文章都收录于 *The Sokal Hoax,* edited by Lingua Franca (Brison Press, 2000)；索卡尔最新的著作是 *Beyond the Hoax: Science, Philosophy and Culture* (Oxford, 2008)。激发索卡尔这一灵感的书是：*Higher Superstition: The Academic Left and Its Quarrels with Science,* by Paul Gross and Norman Levitt (Johns Hopkins University Press, 1994)。

女性主义科学哲学

科学和性别

将男性与理智和思想关联，将女性与情绪和肉体关联的著作有：*The Man of Reason,* by Genevieve Lloyd (University of Minnesota Press, 1984)；*Death of Nature,* by Carolyn Merchant (Harper and Row, 1980)；*Science as Social Knowledge,* by Helen Longino (Princeton University Press, 1990)。也可阅读：*The Fate of Knowledge* (Princeton, 2002)；*Science and Gender,* by Ruth Bleier (Pergamon, 1984)；*Primate Visions,* by Donna Haraway (Routledge, 1989)；*Thinking From Things,* by Alison Wylie (University of California, 2002)；*The Woman that Never Evolved,* by Sarah Hrdy (Harvard University Press, 1981)；*Gender and Boyle's Law of Gases,* by Elizabeth Potter (Indiana University Press, 2001)；*A Feeling for the Organism: The Life and Work of Barbara McClintock,* by Evelyn Fox Keller (Freeman, 1983)。

什么是女性主义科学?

好奇这一问题的读者可阅读上一节中提到的 Helen Longino 的书。其他推荐阅读书目有：*Reflections on Science and Gender,* by Evelyn Fox Keller (Yale University Press, 1985)；Sanrda Harding, *The Science Question in Feminism* (Cornell University Press, 1986)。也可阅读：*Whose Science, Whose Knowledge?* (Cornell University Press, 1991)。近期的概述性著作有：*Feminism and Philosophy of Science,* by Elizabeth Potter (Routledge, 2006)。也可阅读：*Illusions of Paradox,* by Richmond Campbell (Rowan & Littlefield, 1998)。

科学与价值观

事实与价值观的区别

Treatise of Human Nature, by David Hume (Oxford University Press, 2000); *Principia Ethica,* by G. E. Moore (Dover, 2004); *Why I am not A Christian and Other Essays,* by Bertrand Russell (Barlow Press, 2008); *The Unity of Science,* by Rudolph Carnap (Kegan Paul, 1934); *Collapse of the Fact/Value Dichotomy,* by Hilary Putnam (Harvard University Press, 2004).

价值观对科学的影响

Catastrophe, by Richard Posner (Oxford University Press, 2004). 大型强子对撞机（LHC）科学家 John Ellis 等人通过 LHC 安全评估小组发布报告

"Review of the Safety of LHC Collisions"，为 LHC 的安全性辩护。对智商（IQ）进行哲学分析的佳作有：*The IQ Controversy,* edited by Ned Block and Gerald Dworkin (Pantheon 1976)。*The Bell Curve,* by Richard Herrnstein and Charles Murray (Simon & Schuster, 1996) 认为，智商差异是导致美国各种族间经济不平等的因素之一。知名生物学家史蒂芬·杰伊·古尔德在 *The Mismeasure of Man* (W. W. Norton, 1996) 一书中评论了 *The Bell Curve*，也大致评论了"一般智力水平"这一概念在生物学和社会科学中的实用性。*The Lysenko Affair,* by David Joravsky (University of Chicago Press, 1970). 讲述所谓布什政府干涉科学自由一事的作品有：*The Republican War on Science* (Basic Books, 2005)。最近，H. Kincaid，J. Dupr é 和 A. Wylie 编辑出版了一本哲学论文集 *Value-Free Science?* (Oxford University Press, 2007)，主要是为非认识价值观在科学中发挥的作用而辩护，其中包括了艾莉森·怀利和林恩·汉肯森·内尔森的论文。

科学对价值观的影响

Spinoza, *Ethics* (Penguin Classics, 2005); *The Criminal Prosecution and Punishment of Animals,* by E. P. Evans (Lawbook Exchange, 1998); *Bioethics and the Brain,* by W. Glannon (Oxford University Press, 2006); *The Ethical Brain,* by M. S. Gazzinga (Dana Press, 2005); "The Brain on the Stand," by Jeffrey Rosen, *New York Times,* March 11, 2007.

第 6 章　科学与人类未来

我们注定灭亡吗？

尼克·波斯特洛姆在“The Future of Humanity”一文中给出了自己的预测，该文收录于 *New Waves in Philosophy of Technology,* edited by Jan-Kyrre Berg Olsen and Evan Selinger (Macmillan, 2008)。也可阅读 *Global Catastrophic Risks,* edited by Nick Bostrom and Milan Cirkovic (Oxford University Press, 2008)。欲了解失控的技术进步，即所谓的“奇点”，可阅读：*The Singularity is Near,* by Ray Kurzweil (Viking, 2005)。近期概述巨灾风险的书有：*The End of the World,* by John Leslie (Routledge, 1996)；*Our Final Hour,* by Martin Rees (Basic Books, 2003)。

预期成本

Risk and Rationality, by Katherine Shrader-Frechette (University of California Press, 1991). *Catastrophe,* by Richard Posner (Oxford University Press, 2004) 是从风险、政策和法律体系的角度分析大规模的威胁。也可阅读：*Blindside,* edited by Francis Fukayama (Brookings Institution Press, 2007)。讲述预警原则的作品有：*Laws of Fear: Beyond the Precautionary Principle,* by Cass Sunstein (Cambridge University Press, 2005)；T. O' Riordan and J. Cameron, *Interpreting the Precautionary Principle* (Earthscan Publications, 1995)。想找一本非常通俗易懂，且兼有对环境政策中标准成本效益分析的评论和对预警原则的辩护的书，可阅读：*Priceless,* by Frank Ackerman 和 Lisa Heinzerling (New Press, 2004)。

未来世代

探讨人类对未来世代肩负何种责任的哲学文献数不胜数。要概览相关经典论文，推荐阅读：*Responsibilities to Future Generations,* edited by E. Partridge (Prometheus, 1981)；*Obligations to Future Generations,* edited by R. I. Sikora and B. Barry (Temple University Press, 1978)。Derek Parfit 对这一问题及其相关道德问题的分析颇具影响力，见于 *Reasons and Persons* (Clarendon Press, 1984)。近期重点研究社会政策的著作有：*Environmental Justice and the Rights of Unborn and Future Generations,* by Laura Westra (Earthscan, 2006)。

公地悲剧

探讨这个证明合作的合理性问题的经典之作有：Plato, *The Republic,* Bk II, translated by C. D. C. Reeve (Hackett, 2004)；Thomas Hobbes, *Leviathan* (Oxford University Press, 1998)。这个问题的现代版检验方式可见：Garrett Hardin, "The Tragedy of the Commons," *Science* 162: 1243 - 1248 (1968)。也可阅读：*Collective Action,* by Russell Hardin (Johns Hopkins Press, 1982)；*Evolution of the Social Contract,* by Brian Skyrms (Cambridge University Press, 1996)；*Morals by Agreement,* by David Gauthier (Clarendon Press, 1986)。

合作的进化

爱欺骗者、易受骗者、吝惜善意者的例子见于理查德·道金斯的 *The*

Selfish Gene (Oxford University Press, 1976)，后被 John Mackie 进一步发展，可见于“The Law of the Jungle,” in *Philosophy* 53: 455 - 464 (1978)。“互利主义”概念由 Robert Trivers 提出。可阅读的著作有：“The evolution of reciprocal altruism,” *Quarterly Review of Biology* 46: 35 - 57 (1971)；Robert Axelrod 关于博弈论的开创性著作是 *The Evolution of Cooperation* (Basic Books, 1984)，该书解释了反复出现的囚徒困境和“以牙还牙”策略。近来，探讨道德观进化的有趣论著有：Richard Joyce, *The Evolution of Morality* (M.I.T. 2006)。

太空殖民

弗兰克·迪普勒支持利用搭载有我们遗传信息或神经生理信息的纳米机器人和“冯·诺伊曼探针”进行星际旅行，详见 *The Physics of Immortality* (Anchor, 1997)。也可阅读：Freeman Dyson, *Infinite in All Directions* (Harper and Row, 1988)；Carl Sagan, *Pale Blue Dot* (Random House, 1994)；*Our Cosmic Future,* by Nikos Prantzos (Cambridge University Press, 1998)。至于我们的“个人身份”是否可以在迪普勒所描述的类似情境下得以保存，好奇这一谜题的推荐阅读：Derek Parfit, *Reasons and Persons*。

我们是孤独的存在吗?

保罗·戴维斯在 *Are We Alone?* (Basic Books, 1995) 探讨了物理学家 G. F. R. Ellis 对无限复制的论证。也可阅读：“Philosophical Implications of Inflationary Cosmology,” Joshua Knobe, Ken D. Olum and Alexander Velenkin, *British Journal for the Philosophy of Science,* 57: 47 - 67。同时探

讨地球外生命和太空旅行的科学论文集佳作是：*Extraterrestrials: Where Are They?,* edited by Ben Zuckerman and Michael Hart (Cambridge University Press, 1995)。重点探讨搜寻地外文明计划（SETI）项目作用的著作有：*Is Anyone Out There?,* by Frank Drake and Dava Sobel (Delacorte Press, 1992)。布兰登·卡特探讨人择原理的文章是："Large Number Coincidences and the Anthropic Principle in Cosmology," in *Physical Cosmology and Philosophy,* edited by John Leslie (Macmillan, 1990)。从哲学角度详细探讨人择推理的著作有：*Anthropic Bias,* by Nick Bostrom (Routledge, 2002)。就生命起源这一问题，讲述霍伊尔有生源说的著作有：*The Intelligent Universe* (Holt, Reinhart and Winston, 1984)。

增强和超越人类

从哲学角度评估人类增强，特别是基因增强的两部佳作是：*The Case against Perfection,* by Michael Sandel (Harvard University Press, 2007)；*Choosing Children,* by Jonathan Glover (Oxford University Press, 2006)。也可阅读：*Our Posthuman Future,* by Francis Fukayama (Farrar, Strauss and Giroux, 2002)。评论增强问题的著作有：Leon Kass, *Life, Liberty and the Defense of Dignity* (Encounter, 2004)。为增强积极辩护的著作有：*The Hedonistic Imperative,* by David Pearce (BLTC, 2007)。也可阅读：*Liberal Eugenics: In Defence of Human Enhancement,* by N. Agar (Blackwell, 2004)；*Radical Evolution,* by Joel Garreau (Doubleday, 2004)；*Redesigning Humans,* by Gregory Stock (Houghton Mifflin, 2002)。"Letter from Utopia," by Nick Bostrom, *Studies in Ethics, Law, and Technology* 2: 1–7 (2008). 也

可阅读：波斯特洛姆的“Future of Humanity”一文，参见延伸阅读中《我们注定灭亡吗？》一节。罗伯特·诺齐克最早探讨“体验制造机”的著作是：*Anarchy, State and Utopia* (Basic Books, 1974)。伯纳德·威廉斯评论永生的论文是：“The Makropulos Case: Reflections on the Tedium of Immortality,” in *Problems of the Self* (Cambridge University Press, 1973)。

未来，属于终身学习者

我这辈子遇到的聪明人（来自各行各业的聪明人）没有不每天阅读的——没有，一个都没有。巴菲特读书之多，我读书之多，可能会让你感到吃惊。孩子们都笑话我。他们觉得我是一本长了两条腿的书。

——查理·芒格

互联网改变了信息连接的方式；指数型技术在迅速颠覆着现有的商业世界；人工智能已经开始抢占人类的工作岗位……

未来，到底需要什么样的人才？

改变命运唯一的策略是你要变成终身学习者。未来世界将不再需要单一的技能型人才，而是需要具备完善的知识结构、极强逻辑思考力和高感知力的复合型人才。优秀的人往往通过阅读建立足够强大的抽象思维能力，获得异于众人的思考和整合能力。未来，将属于终身学习者！而阅读必定和终身学习形影不离。

很多人读书，追求的是干货，寻求的是立刻行之有效的解决方案。其实这是一种留在舒适区的阅读方法。在这个充满不确定性的年代，答案不会简单地出现在书里，因为生活根本就没有标准确切的答案，你也不能期望过去的经验能解决未来的问题。

湛庐阅读APP：与最聪明的人共同进化

有人常常把成本支出的焦点放在书价上，把读完一本书当作阅读的终结。其实不然。

时间是读者付出的最大阅读成本
怎么读是读者面临的最大阅读障碍
“读书破万卷”不仅仅在“万”，更重要的是在“破”！

现在，我们构建了全新的“湛庐阅读”APP。它将成为你“破万卷”的新居所。在这里：

- 不用考虑读什么，你可以便捷找到纸书、有声书和各种声音产品；
- 你可以学会怎么读，你将发现集泛读、通读、精读于一体的阅读解决方案；
- 你会与作者、译者、专家、推荐人和阅读教练相遇，他们是优质思想的发源地；
- 你会与优秀的读者和终身学习者为伍，他们对阅读和学习有着持久的热情和源源不绝的内驱力。

从单一到复合，从知道到精通，从理解到创造，湛庐希望建立一个“与最聪明的人共同进化”的社区，成为人类先进思想交汇的聚集地，与你共同迎接未来。

与此同时，我们希望能够重新定义你的学习场景，让你随时随地收获有内容、有价值的思想，通过阅读实现终身学习。这是我们的使命和价值。

湛庐阅读APP玩转指南

湛庐阅读APP结构图：

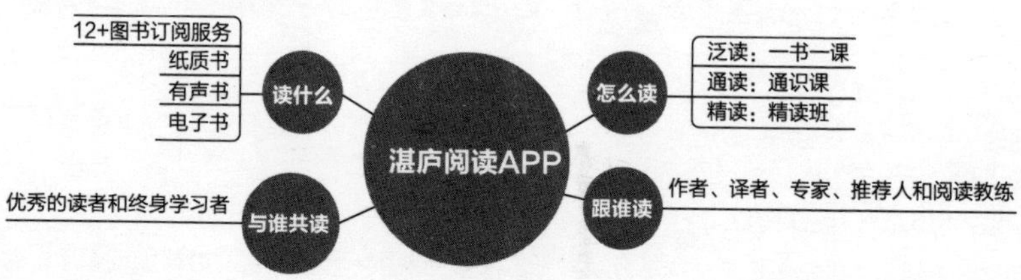

三步玩转湛庐阅读APP：

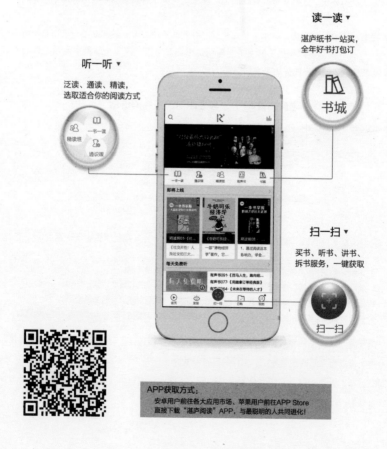

读一读▼

湛庐纸书一站买，
全年好书打包订

书城

听一听▼

泛读、通读、精读，
选取适合你的阅读方式

精读班
一书一课
通识课

扫一扫▼

买书、听书、讲书、
拆书服务，一键获取

扫一扫

APP获取方式：

安卓用户前往各大应用市场、苹果用户前往APP Store
直接下载“湛庐阅读”APP，与最聪明的人共同进化！

使用APP扫一扫功能，
遇见书里书外更大的世界！

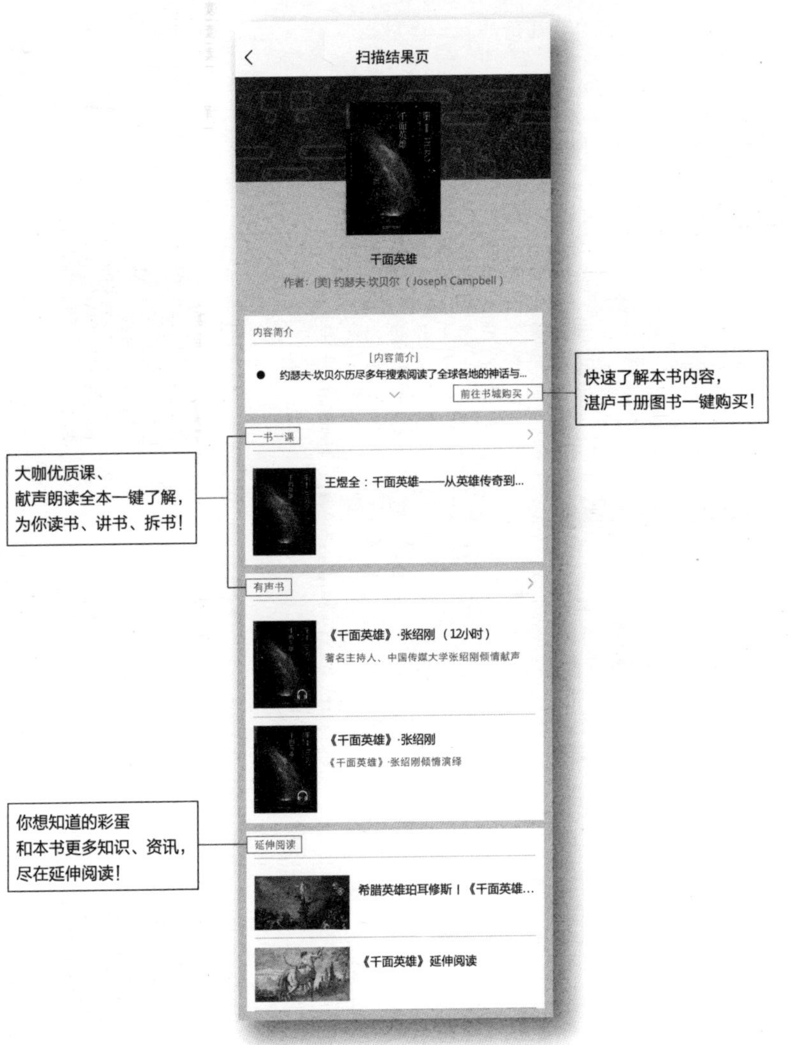

湛庐CHEERS

延伸阅读

《直觉泵和其他思考工具》

◎ 集世界著名哲学家丹尼尔·丹尼特50年思考之精华，化繁为简、返璞归真，让你借助直觉的力量，不用数学就能思考困难且复杂的问题。

◎ 哲学家陈嘉映、叶峰、苏德超，知识大V万维钢、吴伯凡，心理学家傅小兰、周晓林，经济学家汪丁丁，媒体人王烁、段永朝，《自私的基因》作者理查德·道金斯，“人工智能之父”马文·明斯基全力推荐！

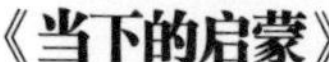

《当下的启蒙》

◎ 当代最伟大思想家史蒂芬·平克全面超越自我的巅峰之作，一部关于人类进步的英雄史诗。

◎ 通过75幅震撼的图表，平克论证人类的寿命、健康、食物、和平、知识、幸福等都呈向上趋势，这种趋势不仅限于西方，而是遍及全世界。这是启蒙运动的礼物——理性、科学和人文主义促进了人类的进步。

◎ 比尔·盖茨最喜爱的一本书。理查德·道金斯心中的诺贝尔文学奖作品。尤瓦尔·赫拉利2018年最爱的书之一。

《技术的本质（经典版）》

◎ 复杂性科学奠基人、首屈一指的技术思想家、“熊彼特奖”得主布莱恩·阿瑟作品。

◎ 这是一把打开“技术黑箱”的钥匙，它用平实的语言将技术的本质娓娓道来。

◎ 北京大学国家发展研究院教授汪丁丁、财讯传媒首席战略官段永朝、清华大学技术创新研究中心主任陈劲、东北大学哲学系教授包国光、《失控》《科技想要什么》作者凯文·凯利、谷歌前董事长埃里克·施密特联袂推荐！

《富足（经典版）》

◎ X大奖创始人、奇点大学执行主席彼得·戴曼迪斯震撼之作！

◎ 湛庐文化“奇点大学”书系经典作品再现，与《创业无畏》《指数型组织》一道，为我们刻画出通向美好未来的路线图。

◎ 李嘉诚案头显眼的重磅著作。美国前总统克林顿、海尔集团董事局主席张瑞敏、百度公司总裁张亚勤、《罗辑思维》主讲人罗振宇等联袂推荐！

图书在版编目（CIP）数据

人人都该懂的科学哲学 /（美）杰弗里 · 戈勒姆著；石雨晴译 . — 杭州 : 浙江人民出版社 , 2019.2

书名原文：Philosophy of Science: A Beginner's Guide

ISBN 978-7-213-09185-8

Ⅰ . ①人… Ⅱ . ①杰… ②石… Ⅲ . ①科学哲学—通俗读物 Ⅳ . ① N02-49

中国版本图书馆 CIP 数据核字 (2019) 第 005736 号

浙江省版权局
著作权合同登记章
图字: 11-2018-496 号

上架指导：哲学通俗读物

人人都该懂的科学哲学

[美] 杰弗里 · 戈勒姆　著
石雨晴　译

出版发行：浙江人民出版社（杭州体育场路 347 号　邮编　310006）
市场部电话：（0571）85061682　85176516
集团网址：浙江出版联合集团　http://www.zjcb.com
责任编辑：蔡玲平
责任校对：杨　帆
印　　刷：天津中印联印务有限公司
开　　本：880 mm × 1230 mm　1/32　　印　　张：7.625
字　　数：161 千字　　插　　页：1
版　　次：2019 年 2 月第 1 版　　印　　次：2019 年 2 月第 1 次印刷
书　　号：ISBN 978-7-213-09185-8
定　　价：54.90 元

如发现印装质量问题，影响阅读，请与市场部联系调换。